Neuron 神經元
電控積木創意設計

使用 mBlock 5 慧編程含雷射切割技巧

賴鴻州 編著

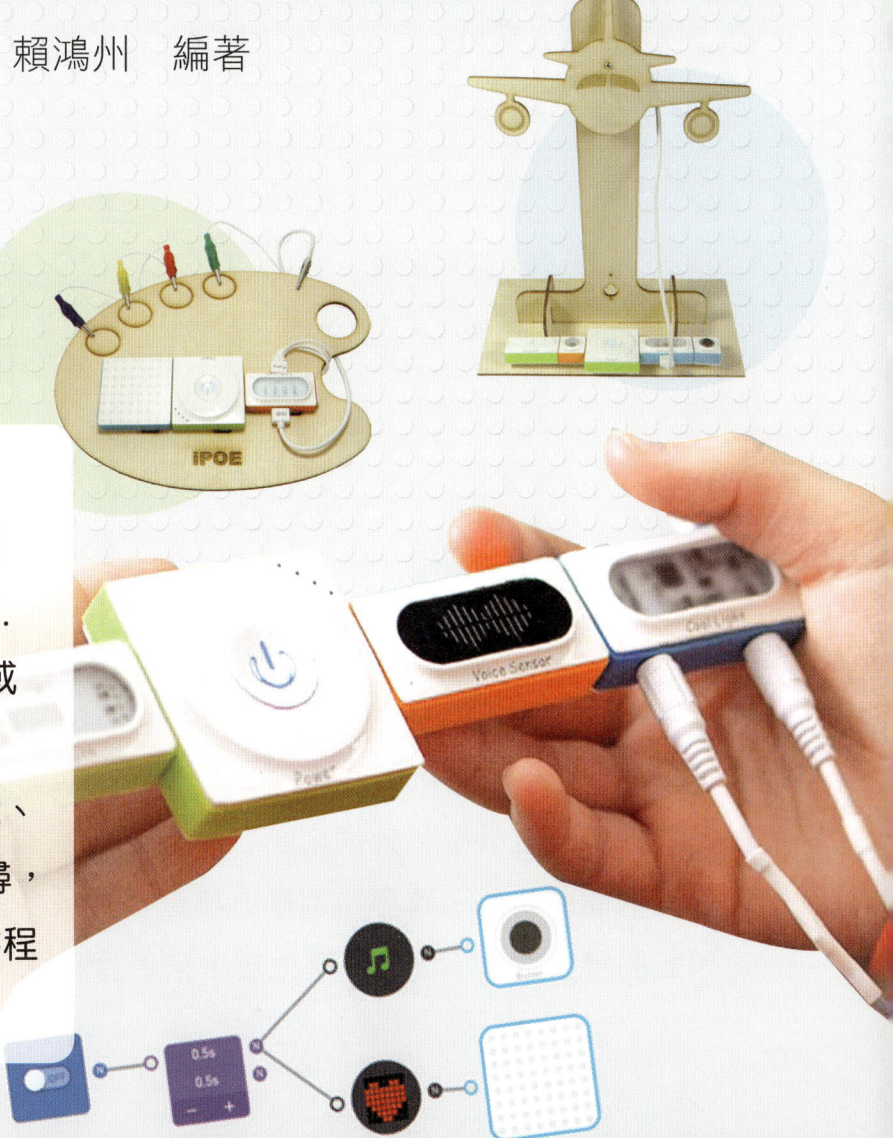

程式檔案下載說明：

本書程式檔案請至台科大圖書網站（http://www.tiked.com.tw）圖書專區下載；或可直接於台科大圖書網站首頁，搜尋本書相關字（書號、書名、作者），進行書籍搜尋，搜尋該書後，即可下載本書程式檔案內容。

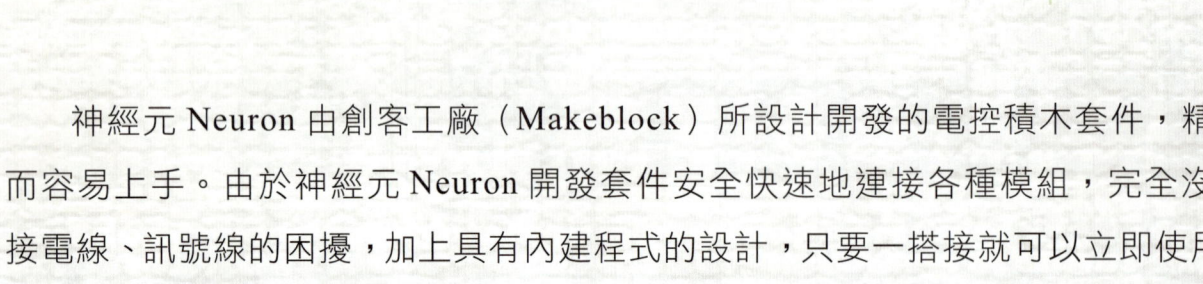

序言

　　神經元 Neuron 由創客工廠（Makeblock）所設計開發的電控積木套件，精緻而容易上手。由於神經元 Neuron 開發套件安全快速地連接各種模組，完全沒有接電線、訊號線的困擾，加上具有內建程式的設計，只要一搭接就可以立即使用，非常適合沒有電機電子背景的讀者，可立即體驗程式設計與控制的樂趣；若進階學習連線程式設計，則有輕鬆易學的圖控 Neuron App 與 mBlock 5 互動程式。

　　因為要完成一個完整的專題，經常需要整合多個領域專業，以及具備多個面向能力，如同創客指標所標舉的六個向度「外形（專業）」、「機構」、「電控」、「程式」、「通訊」、「人工智慧」等，所以本書的創意專題使用神經元開發套件，在「電控」與「通訊」方面完全無負擔，「程式」方便且具親和力，如此在「機構」與「外形」上就更有發揮的空間了！

· 創客指標 ·

外形 （專業）	機構	電控	程式	通訊	人工智慧	創客總數
1	1	1	2	1	0	6

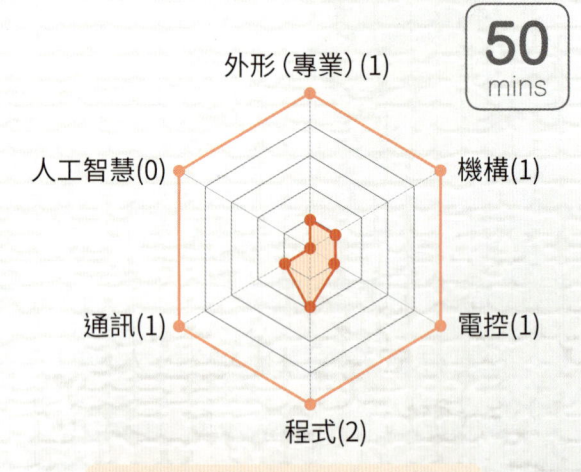

創客題目編號：A022004

　　因此本課程的安排，除了介紹使用神經元開發套件讓創意專題的電控與程式部分立即嘗試之外，另外使用創客設備——雷射切割機，快速加工組裝零件，並配合其他簡單材料，讓專題創作更加豐富且具多元造型；專題的選定則依照 PBL 專題式的學習方式，循序漸進地安排來學習程式設計。

本書包含了六個課程：

	課　程	內　容
0	神經元電控積木與雷射切割	本課程導覽，介紹神經元 Neuron 模組，以及雷射切割的應用。
1	神經元 Neuron 不插電內建模式	介紹神經元 Neuron 不插電內建模式。
2	神經元 Neuron 使用行動裝置軟體 Neuron App	應用行動裝置軟體 Neuron App，進行圖控程式的設計與專題。
3	神經元 Neuron 使用電腦端 mBlock	介紹 mBlock 5 圖控程式與神經元模組如何互動。
4	使用神經元 Neuron 與 mBlock 5 做創意專題	使用雷切設計零件結合神經元創作有趣的創意專題。
5	mBlock 5 人工智慧 AI 與神經元 Neuron	透過 mBlock 5 人工智慧 AI 與神經元結合應用。
附錄	神經元 Neuron 擴充模組	介紹神經元的擴充模組以及應用實例。
	mBlock 5：beta v5.2 積木功能總表	

感謝勁園‧台科大圖書公司范總經理的推舉與合作推案，本書所有範例程式部分，以及雷射切割造型零件檔案，均提供於「台科大圖書資源下載平台」http://www.tiked.com.tw/PN067，依 CC 創用授權供讀者使用。

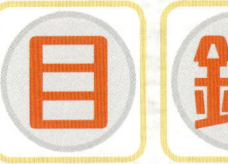

神經元電控積木與雷射切割

0-1 神經元 Neuron 的應用模式　　　　　　2
0-2 神經元 Neuron 智造家套件　　　　　　4
　　　（Inventor Kit）介紹
0-3 雷射切割的應用　　　　　　　　　　　7

神經元 Neuron 不插電內建模式

1-1 不插電內建模式介紹　　　　　　　　　10
1-2 專題 1：仿生尺蠖機器人　　　　　　　13
1-3 專題 2：電子吉他　　　　　　　　　　16
1-4 專題 3：光影調色盤　　　　　　　　　19
實作題　　　　　　　　　　　　　　　　　　22

神經元 Neuron 使用行動裝置軟體 Neuron App

2-1 操作 Neuron App　　　　　　　　　　24
2-2 專題 4：小夜燈　　　　　　　　　　　29
2-3 專題 5：心跳偵測儀　　　　　　　　　33
2-4 專題 6：演奏音樂　　　　　　　　　　36
2-5 專題 7：仿生尺蠖　　　　　　　　　　39
實作題　　　　　　　　　　　　　　　　　　41

iv

神經元 Neuron 使用電腦端 mBlock

3-1	下載與安裝 mBlock 5	46
3-2	mBlock 5 操作環境	48
3-3	專題 8：跳動的紅心	56
3-4	專題 9：心跳偵測器	58
3-5	專題 10：震動偵測器	59
3-6	專題 11：神經元報數	63
3-7	專題 12：Funny Touch 演奏樂器	65
實作題		69

使用神經元 Neuron 與 mBlock 5 做創意專題

4-1	製作創意專題共用底座	72
4-2	專題 13：電流急急棒	73
4-3	專題 14：模擬飛行	80
4-4	專題 15：海盜船	91
4-5	專題 16：大猩猩爬樹	98
4-6	專題 17：吃角子機器人	110
4-7	專題 18：創客樂團	117
4-8	專題 19：怪獸保險箱	123
實作題		131

mBlock 5 人工智慧 AI 與神經元 Neuron

5-1	mBlock 5 增加 AI（人工智慧）功能	134
5-2	專題 20：語音開關燈	138
5-3	mBlock 5 機器深度學習	142
實作題		147

附錄

附-1	神經元 Neuron 擴充模組	152
附-2	mBlock 5：beta 5.2 積木功能總表	160

Chapter 0
神經元電控積木與雷射切割

　　神經元 Neuron 是由創客工廠（Makeblock）設計，一款專為 STEAM 教育打造的簡易開發套件。各個模組間採用專利 Pogo 端子磁吸介面設計來連接電路，能防止模組反接，讓每一次連接都安全迅速。藉由快速組合不同模組，可建構出各種趣味作品，或者將神經元與生活周邊用品結合，創造實用的小發明。

　　神經元 Neuron 也能利用專屬的圖型化介面 Neuron App、mBlock 5 開發程式，大幅降低電子控制實作的困難度。本章以神經元 Neuron 智造家套件（Inventor Kit）模組為主要應用，附錄之處會再介紹其他擴充模組的應用。

神經元 Neuron 智造家套件（Inventor Kit）

Neuron 的接合處採用 Pogo 端子，各模組可以輕鬆組合與連結

0-1　神經元 Neuron 的應用模式

Neuron 的特色之一，在於使用者可以自由選擇離線與連線模式。

一　離線模式（不插電、不用寫程式）

神經元 Neuron 離線模式不需程式也能運作，因為每個模組中都已經預設程式功能，各個模組間搭接後，能自動判別模組種類，做出互相對應的程式效果。在離線模式中，使用者可以將 Neuron 模組組裝好後，直接使用最簡單的內建功能。

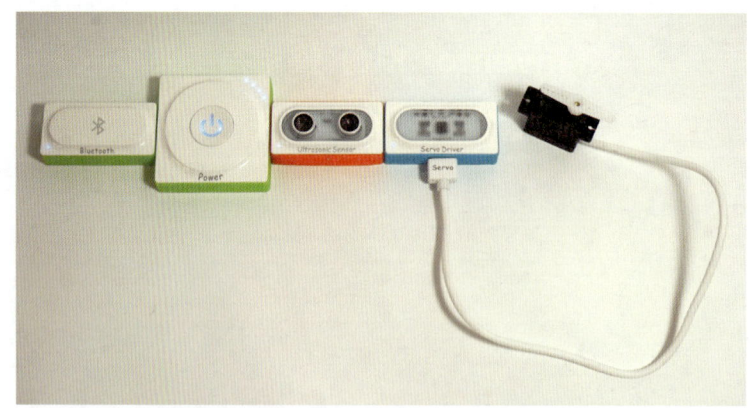

二　連線模式，使用行動裝置軟體 Neuron App

在行動裝置使用軟體 Neuron App，透過排序流程的方式，使用更進階的功能來開發應用程式。

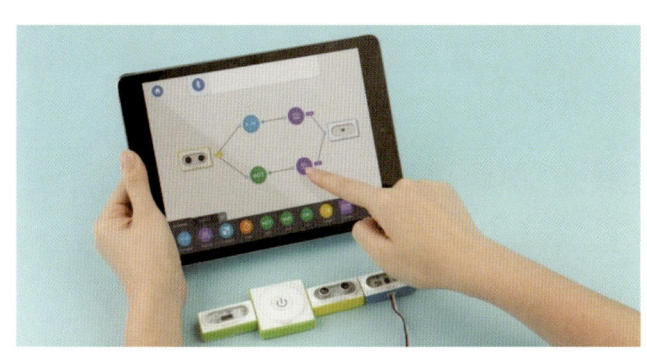
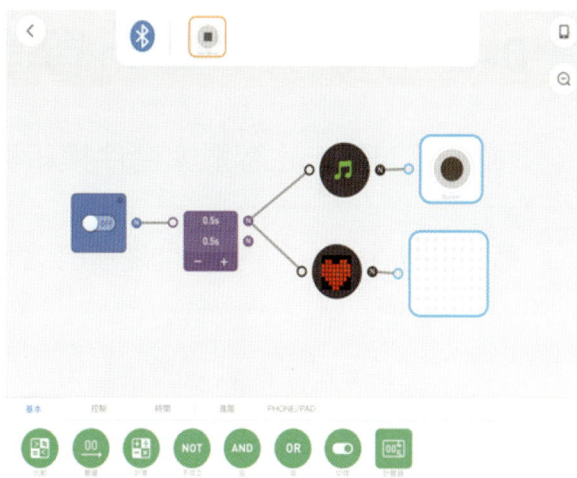

三 電腦端連線模式,使用圖控互動軟體 mBlock 5

選用基於 Scratch3.0 的 mBlock 5 編程圖控程式,透過拖曳、組合各種「功能積木」就能完成程式,操作上相當簡單,mBlock 5 仍保有 Scratch3.0 螢幕互動特色,可以編寫程式讓虛擬角色與真實神經元互相連結。

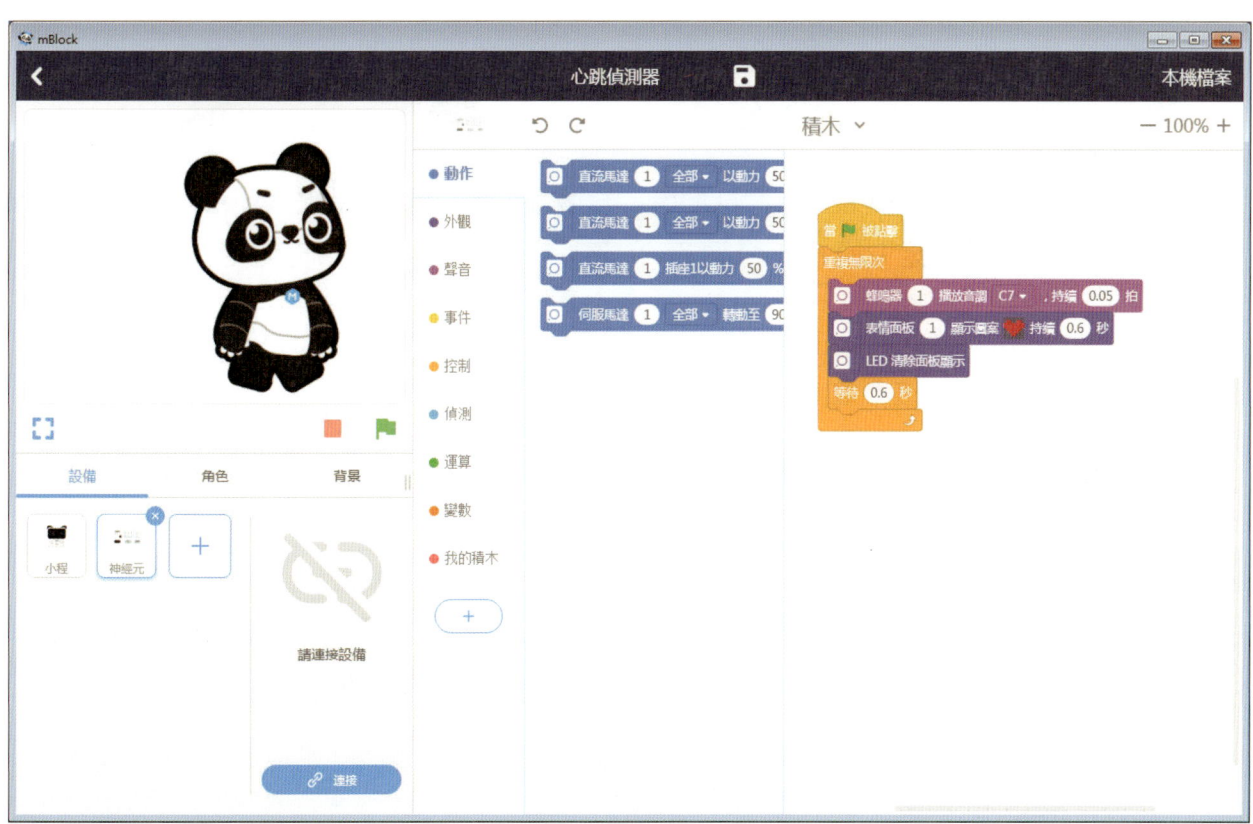

0-2　神經元 Neuron 智造家套件（Inventor Kit）介紹

神經元 Neuron 智造家套件模組與零件列表：

藍牙模組 ×1	觸碰開關模組 ×1	觸碰開關線，Gnd 線 ×1	陀螺儀模組 ×1
與 iPad 平板通訊。左方 Micro USB 可做為連接電腦 USB 有線通訊與供應 5V 電力用	插孔可接 4 條觸碰鱷魚夾導線，另一邊接地 Gnd	4 條觸碰的鱷魚夾導線與接地 Gnd 鱷魚夾導線	可偵測左右滾轉、前後俯仰、搖晃震動、3 軸加速度等運動訊號
LED 面板 ×1	伺服馬達模組 ×1	伺服馬達 ×1	電源供應模組 ×1
8X8LED 矩陣，顯示 RGB 顏色變化與光點組成的符號表情等	角度舵機（伺服馬達）模組，可連接 2 顆舵機	角度舵機（伺服馬達）	右邊 Micro USB 孔為充電用
蜂鳴器模組 ×1	積木底座 ×9	積木結合鍵 ×36	造型紙卡 ×1
輸出聲音	底面為鐵片，可以吸附神經元 Neuron 模組，積木孔位，與 LEGO 系列相容，可以將神經元與積木相結合使用	結合積木底座，結合與 LEGO 系列相容積木	提供範例專案造型使用

橡皮筋 ×20	舵機驅動臂與螺釘 ×1	Micro USB 電纜 ×1	
固定舵機等使用	舵機驅動臂與螺釘	充電用；如要做 USB 有線連接電腦，請採用 1 公尺長的 Micro USB 電纜，以免牽絆住模組的組裝	

說明：

1. 神經元 Neuron 模組以模組的柔軟矽膠外套顏色來區分：

顏色	功能
草綠色	電源與通訊類，能提供運作的電力，以及藍牙、WiFi 無線網路等通訊能力。
橙色	各種感測器與輸入模組。
淺藍色	各種輸出模組。

2. 在接合各種功能模組時，輸入（橙色）模組接在輸出（淺藍色）模組的左邊（以模組標註字體為正向判別）。

3. 神經元 Neuron 各種輸出入模組內部均有內建程式，離線時只要連接就能產生內建功能輸出；當在連線平板 Neuron App，螢幕如果出現提示「更新」程式時，切記要移除其他非更新程式的模組，逐一更新，否則會讓神經元 Neuron 模組失去原內建程式功能。

4. 神經元 Neuron 模組另外有 30 餘種不同功能的模組，包含控制類的按鈕模組，旋鈕 VR 模組；感測功能的光感測、超音波感測、溫溼度感測、土壤濕度感測等模組；輸出類的 RGB LED 模組、直流馬達模組等；通訊傳輸類有無線傳輸接收模組、WiFi 模組等，提供完整的物聯網 IoT 構成與創意需求，可以依實際需求另外選購。

5. 以下三種零件與模組，請參考說明，依需求選購，方便實驗使用。

有線連接 PC	藍牙無線連接	磁吸延長線
1 公尺長的 Micro USB 電纜，取代原套件的 20 公分 Micro USB 電纜，以免牽絆住模組的組裝與應用	Makeblock 藍牙 BLE V1.0 模組，接在筆電或桌上型電腦 USB 插孔，可以直接無線與神經元藍牙模組配對連線	可以連接各模組 Pogo 端子磁吸介面，讓模組連接造型可以彎曲變化

0-3　雷射切割的應用

　　在本書的創意專題中，大量使用雷射切割機來製作結構與造型零件。雷射切割機是應用雷射光束來切割與雕刻材料，具有雷射切割與雷射雕刻兩種加工模式，材料上常使用非金屬材料，如薄木板、壓克力板、紙板、皮革等來做切割或是雕刻圖案。除了上述材料，玻璃、陶瓷等也可以做表面圖案雕刻。

　　雷射切割機加工非常快速省時，在創客教育應用十分廣泛。舉例來說，下圖是筆者進行電子電路設計的外形結構件。左邊是使用 3D 列印機，整體加工時間約需要 9 小時；右邊使用雷射切割機切割外型與雕刻圖案，加工時間僅需要 23 分鐘。但是左邊 3D 列印件具有曲面造型，右邊的設計則是以 3mm 椴木板堆疊做出造型與雕刻圖案。

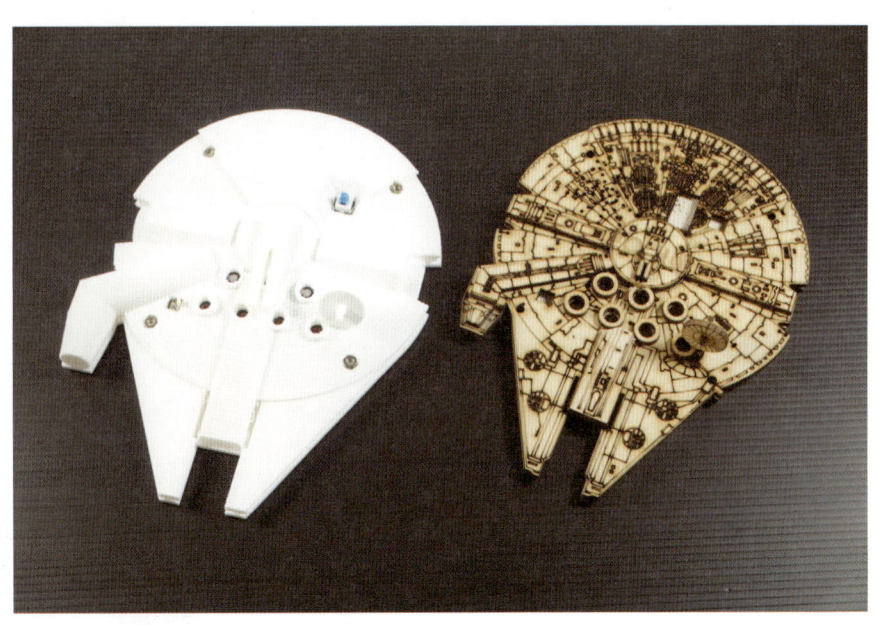

　　雷射切割機並不能完全取代 3D 列印機，因為它只能切割薄板零件，屬於 2D 造型；3D 列印機能製作 3D 建模的零件。因此，在創意產出的成品造型與加工精度等需求上，對於創客設備，像是雷射切割機、3D 列印機、CNC 雕銑機等就必須做出適當的選用。

　　因此在本書的創意專題，會看到使用雷射切割機的快速製作組裝零件，加上其他簡單材料，讓專題能豐富且多元應用。這些雷射切割造型零件檔案，均提供於「台科大圖書資源下載平台」，依 CC 創用授權供讀者使用。

雷射切割的加工參數會隨著機台的功率不同而須調整，使用雷射切割時，必須對自己的機台在進行加工不同材料、不同厚度等，做測試與記錄，建立自己的參數參考表，方便後續使用時做設定。以筆者使用勁園的 60W-4060 機種而言，本課程材料都是採用 3mm 椴木板，當開啟下載的圖檔 dxf，會看到以顏色區分加工圖層。以下是筆者機台參數：

切削材料	3mm 椴木板			
圖層	加工方法	功率（%）	速度（mm/min）	備註
黑色	切割	50	21	切斷
紅色	雕刻	30	300	區塊表面加工
綠色	切割（淺線條）	23	300	表面線條圖案，不可切斷

建議讀者依照此方式，針對加工不同材料、厚度之際，進行實際測試，建立自己機台的加工參數表，張貼於機台或製作成文件以便隨手參考。

Chapter 1

神經元 Neuron 不插電內建模式

本單元介紹神經元 Neuron Inventor Kit 智造家套件的不插電內建模式快速應用。在神經元官網 http://neuron.makeblock.com/category/example/ ，已經提供多種配合紙卡造型的專案設計，包含組裝步驟與影音學習，讀者可以使用包裝內的紙卡，配合神經元 Neuron 積木模組一連就上手，無需再編寫程式，直接學習與應用電子元件。在行動裝置軟體 Neuron App 也提供了這些專案的組裝步驟指南。有了上述二種教學輔助，筆者不再多做篇幅，讀者可以參考組裝步驟，快速體驗。

1-1　不插電內建模式介紹

從 Neuron Inventor Kit 智造家套件模組的不同組合方式來做分析：

Neuron Inventor Kit 智造家套件提供了七個模組，除了藍牙模組與電源模組以外，它提供了二種輸入：觸碰開關感測與陀螺儀；以及提供三種輸出：蜂鳴器（聲音）、LED 面板（光、顏色）、伺服馬達（擺動運動）。每一個輸入模組與輸出模組，都有獨立內建的程式，並且擁有自己的 ID 辨識，隨著前端感測模組提供的訊息，輸出模組便採取相對應的輸出動作。因此將這五種輸入與輸出模組分別做不同的組合，可以產生六種以上的變化。下表為各種模組不同組合方式，內建程式所產生的輸出，以及應用內建程式設計的範例專案：

組合方式	說　明		範例專案
(陀螺儀 + Power + 蜂鳴器)	輸入	陀螺儀模組偵測到的震動或滾轉，俯仰	DJ 滑盤機
	輸出	蜂鳴器發出不同聲調變化	
(陀螺儀 + Power + LED 面板)	輸入	陀螺儀模組偵測到的震動或滾轉，俯仰	精度僅粗略顯示，如要更精確，請以 Neuron App 編寫程式
	輸出	LED 面板光點移動，可以顯示傾斜角度	
(陀螺儀 + Power + 伺服馬達)	輸入	陀螺儀模組偵測到的震動或滾轉，俯仰	咬人的恐龍
	輸出	伺服馬達擺動	搖尾巴的機器貓

組合方式	說　明	範例專案
	輸入　觸碰開關四種接線，透過人體的導電性或金屬等導電性接收觸碰訊號	電子吉他
	輸出　蜂鳴器不同音調變化	音樂草 / 電報機
	輸入　觸碰開關四種接線，透過人體的導電性或金屬等導電性接收觸碰訊號	光影調色盤
	輸出　LED 面板不同顏色變化	
	輸入　觸碰開關四種接線，透過人體的導電性或金屬等導電性接收觸碰訊號	（原廠內建無範例）
	輸出　伺服馬達擺動運動	
	輸入　陀螺儀模組偵測到的震動或滾轉，俯仰	機器人鬧鬧
	輸出　蜂鳴器發出不同聲調變化；伺服馬達擺動	

組合方式		說　明	範例專案
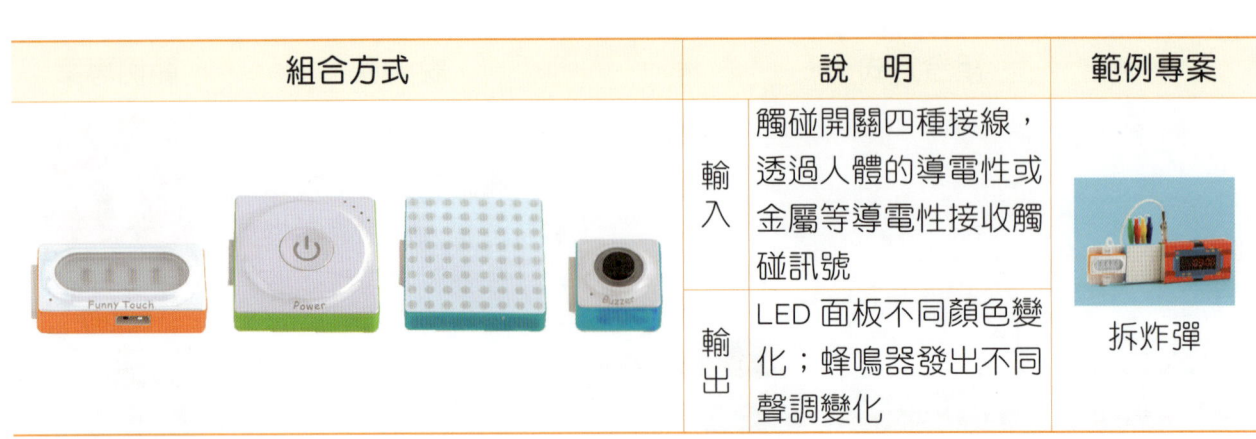	輸入	觸碰開關四種接線，透過人體的導電性或金屬等導電性接收觸碰訊號	拆炸彈
	輸出	LED 面板不同顏色變化；蜂鳴器發出不同聲調變化	

請想想看，利用這些輸入與輸出的組合，還可以設計什麼有趣的專題呢？

1-2　專題 1：仿生尺蠖機器人

使用神經元模組內建模式，製作一隻會走路的仿生尺蠖（Inch worm）機器人。

一　材料清單

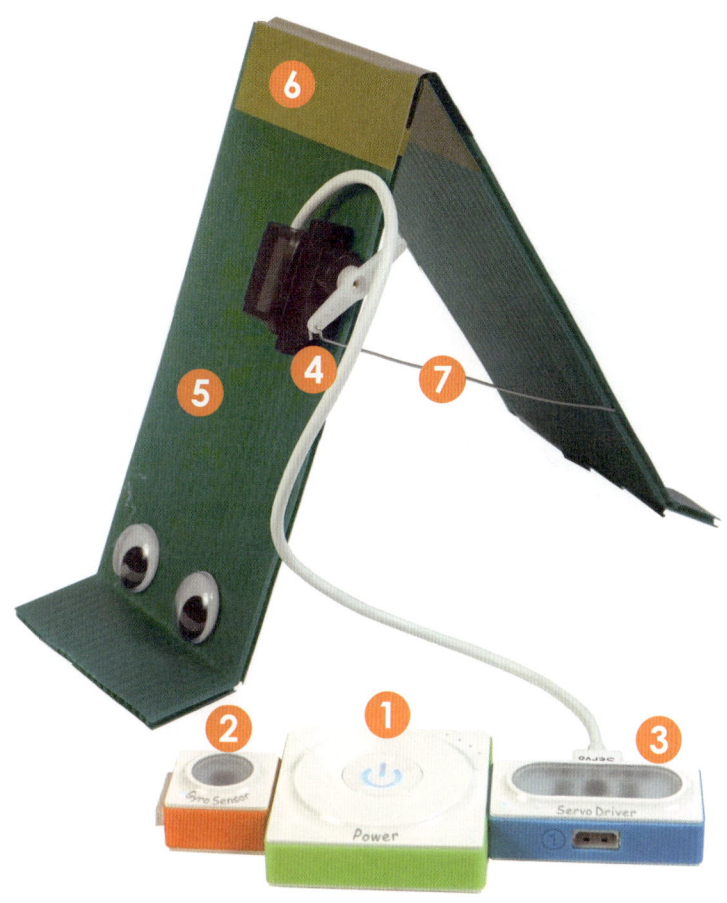

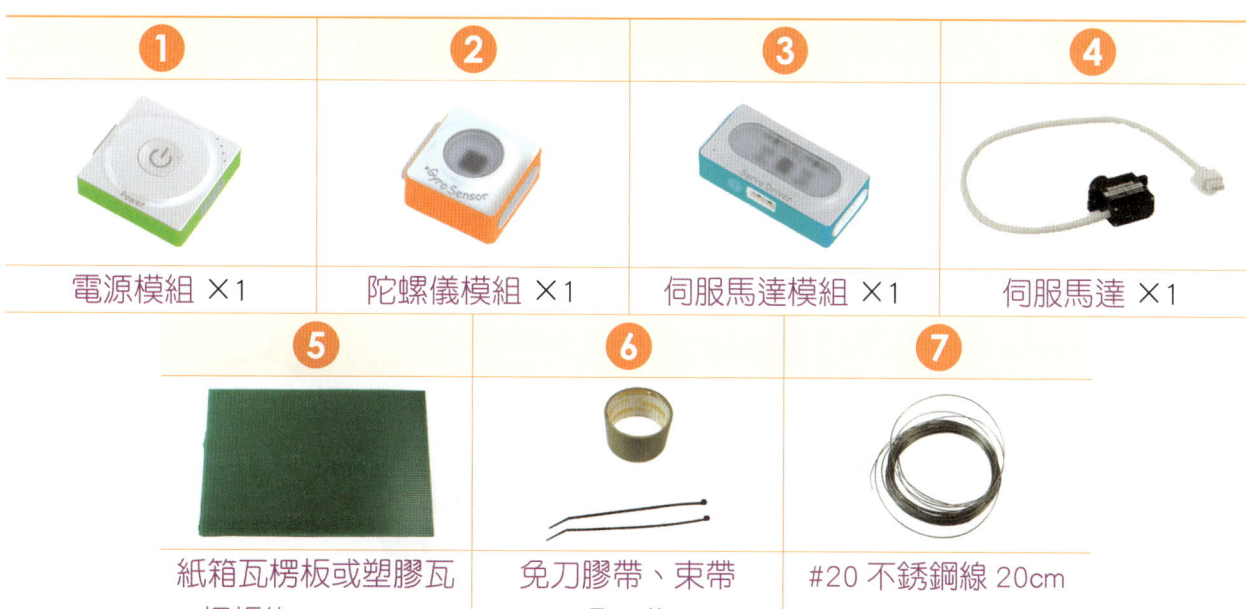

❶	❷	❸	❹
電源模組 ×1	陀螺儀模組 ×1	伺服馬達模組 ×1	伺服馬達 ×1

❺	❻	❼
紙箱瓦楞板或塑膠瓦楞板約 7×34 cm	免刀膠帶、束帶各 1 條	#20 不銹鋼線 20cm

二 組裝過程

Step 1
紙箱瓦楞板或塑膠瓦楞板裁成 2 片，約 7×17cm。

Step 2
使用膠帶貼合當作關節，一面密貼，另一面要折彎後再貼，才能彎曲。

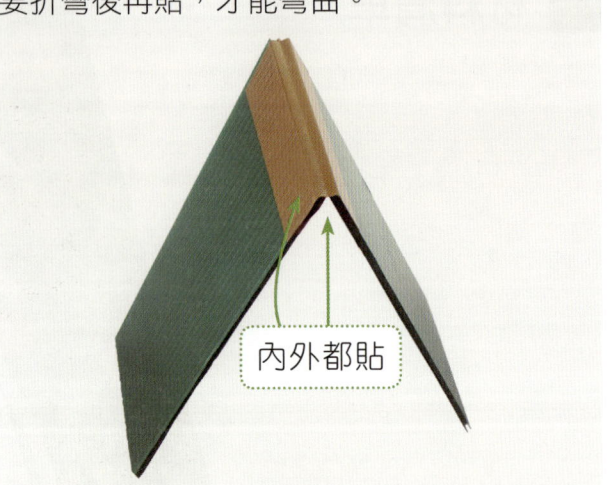

內外都貼

Step 3
兩側各折彎約 1.5cm，增加摩擦力，並剪出腳的造型。

Step 4
使用束帶或雙面膠帶固定伺服馬達。

板面戳洞

束帶

Step 5

#20 不銹鋼線約 17cm，依實際需求調整長度與折彎，一頭摺出圓圈勾住伺服馬達驅動臂，另一頭依實際需求折彎 90 度，插入瓦楞板中間，形成一組雙搖桿機構。

Step 6

組裝神經元模組、電源模組、陀螺儀模組與伺服馬達驅動模組。伺服馬達電線接上伺服馬達驅動模組插孔。

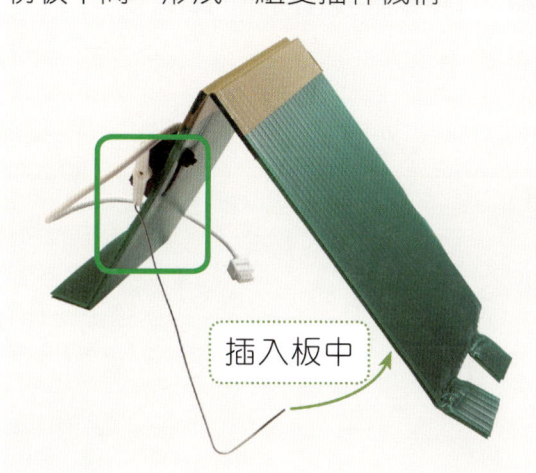

插入板中

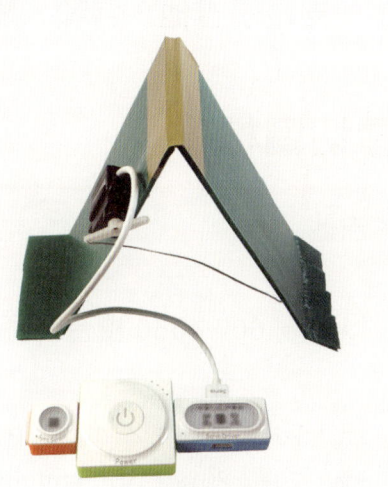

Step 7

裝上眼珠，更加的神似了，完成。

三 專題成果與延伸

1. 開啟電源，雙手拿起神經元模組，當擺動模組時，伺服馬達驅動模組收到陀螺儀模組訊號，開始擺動動作，此時會看到瓦楞板製作的仿生尺蠖，伸縮擺動向前走。

2. 這個專題是運用內建的程式，伺服馬達擺動速度與角度是固定的，尺蠖伸縮的角度幅度可以由 #20 不銹鋼線長度與位置來調整；另外伺服馬達驅動臂的位置也是可以取下調整，可以自己做微調找到最佳的方式。

3. 想想看，做做看，能將神經元的模組固定在尺蠖模型上嗎？它是否能順利的前進呢？

1-3　專題 2：電子吉他

使用神經元模組與應用雷射切割製作造型，製作電子吉他模型。以原廠提供的紙卡造型，設計成雷射切割外型，配合神經元模組內建程式，採用 3mm 椴木板製作一支電子吉他，當輸入觸碰開關四種接線，蜂鳴器發出不同聲調變化。

一　雷切圖檔

圖檔	吉他 .dxf
雷切參數	以勁園 60W4060 機台為例
圖層	黑，切割 50%，21mm/min 綠，切割 23%，300mm/min 紅，雕刻 30%，300mm/min

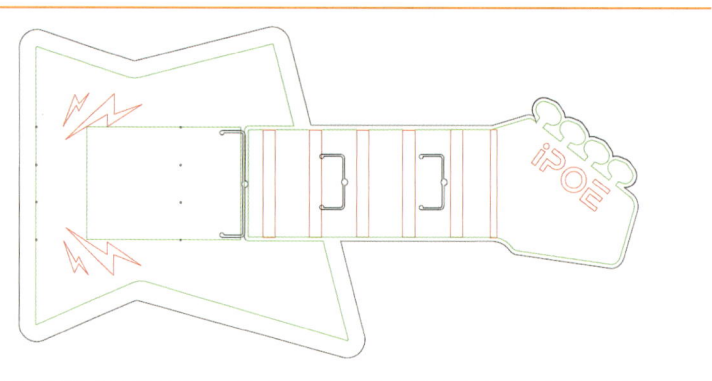

二　材料清單

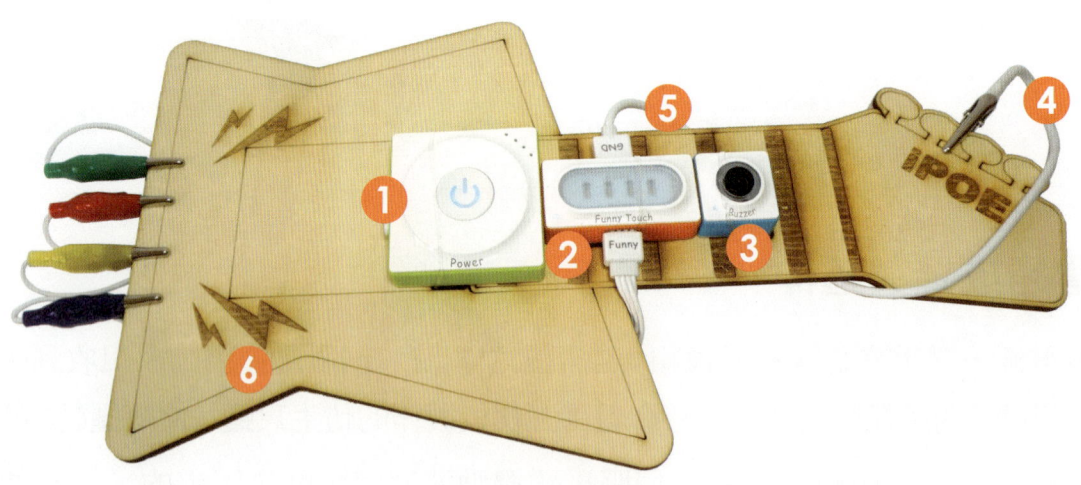

❶	❷	❸
電源模組 ×1	觸碰開關模組 ×1	蜂鳴器模組 ×1
❹	❺	❻
4 條觸碰的鱷魚夾導線與接地 Gnd 鱷魚夾導線	透明橡皮筋 ×3	3mm 椴木板 200×300mm

組裝過程

Step 1

使用椴木板切割完成的吉他造型，模型強度夠，真的可以搖滾！

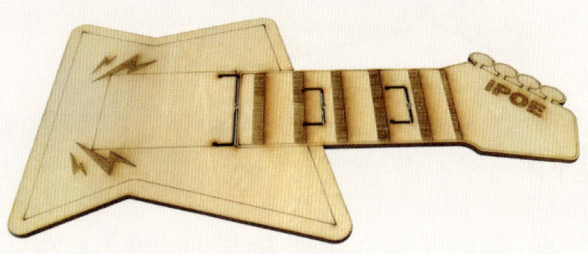

Step 2

將橡皮筋穿過圓孔，圓圈鉤在缺口上（包裝的橡皮筋是透明的，圖以紅色橡皮筋為清楚示意）。

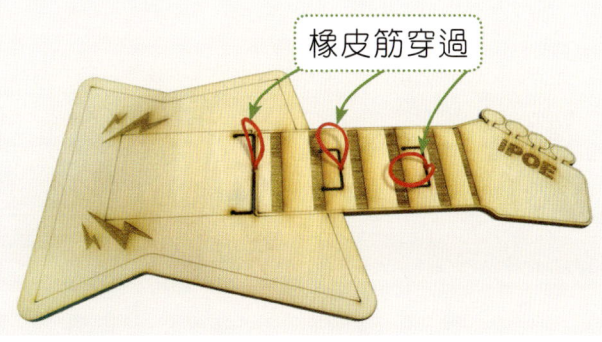

橡皮筋穿過

Step 3

用橡皮筋固定神經元模組，再插上觸碰導線與地線。

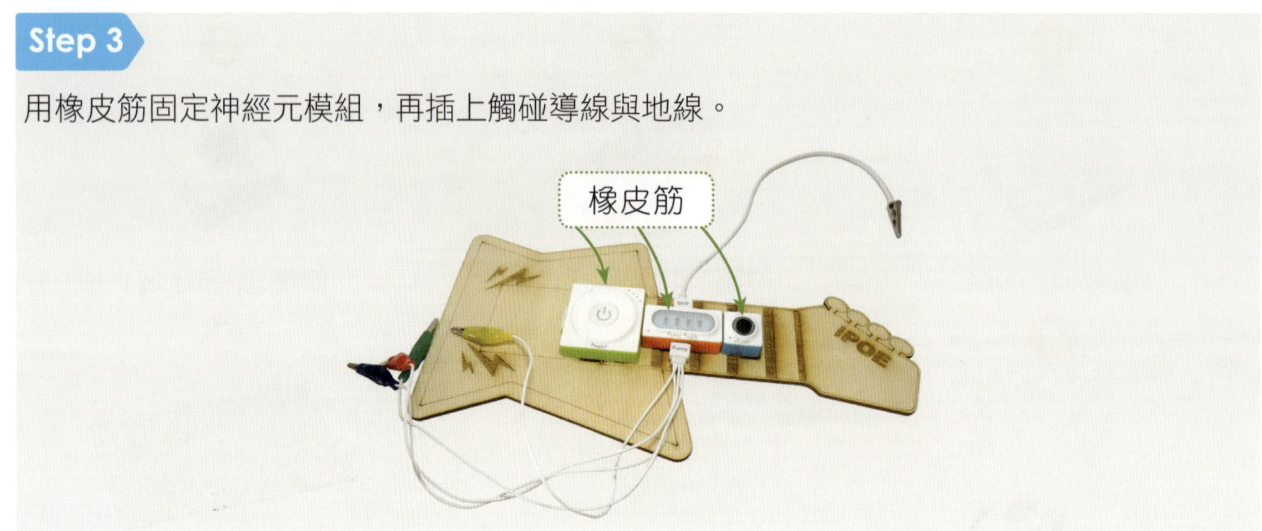

Step 4

整理線路，完成。

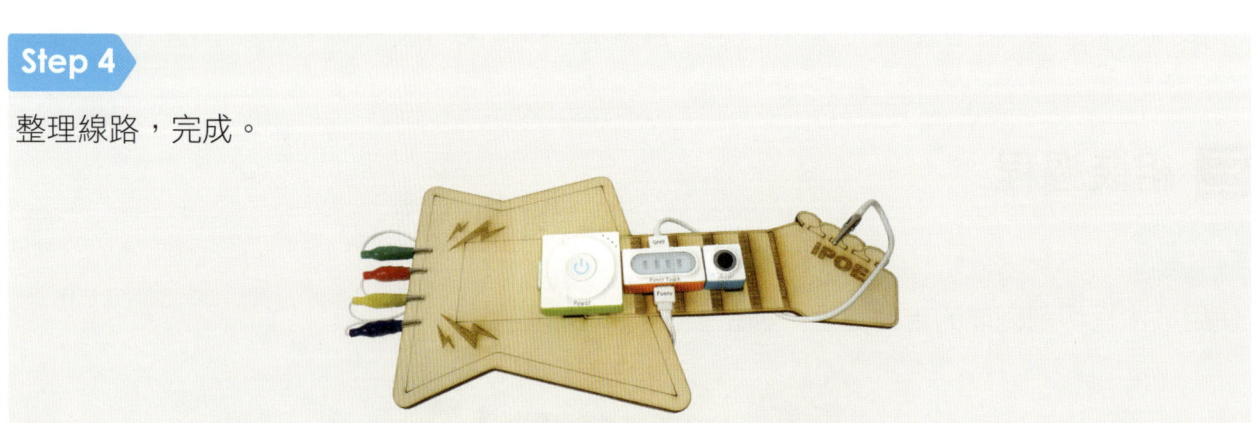

四 專題成果與延伸

　　一起搖滾吧！抱著電子吉他，左手手指按住地線，右手手指分別碰觸各個鱷魚夾導線，模組內建的程式讓電子吉他發出各種音頻的樂音，而組合的按法會有更多的變化聲音喔！

1-4　專題 3：光影調色盤

使用神經元模組與應用雷射切割製作造型，製作光影調色盤模型。我們變化原廠提供的紙卡，設計雷切外型，配合神經元模組內建程式，採用 3mm 椴木板製作光影調色盤模型，輸入觸碰開關四種接線，輸出 LED 面板不同顏色變化。

一　雷切圖檔

圖檔	調色盤 .dxf
雷切參數	以勁園 60W4060 機台為例
圖層	黑，切割 50%，21mm/min 綠，切割 23%，300mm/min 紅，雕刻 30%，300mm/min

二　材料清單

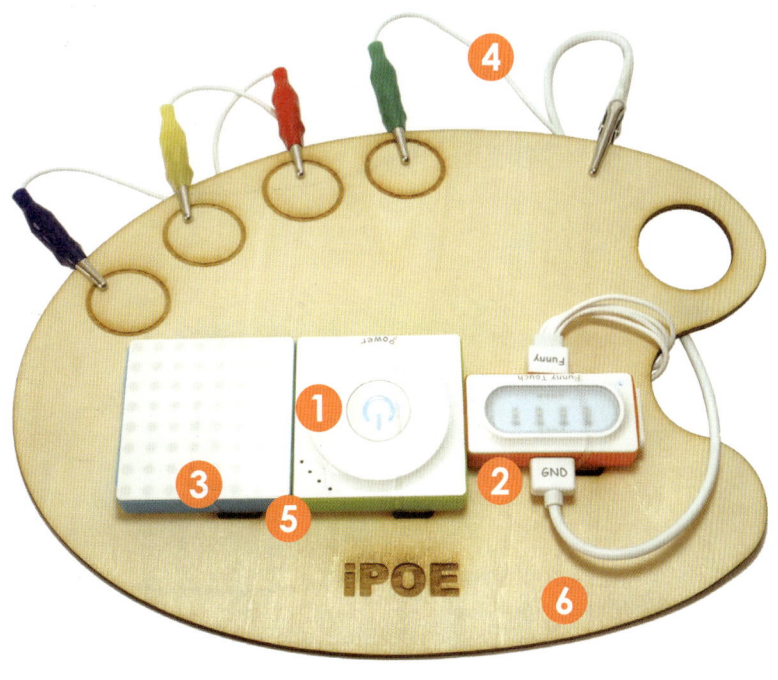

①	②	③
電源模組 ×1	觸碰開關模組 ×1	LED 面板模組 ×1
④	⑤	⑥
4 條觸碰的鱷魚夾導線與接地 Gnd 鱷魚夾導線	透明橡皮筋 ×3	3mm 椴木板 200×300mm

三 組裝過程

Step 1

椴木板切割完成的調色盤造型。

Step 2

將橡皮筋穿過圓孔，圓圈鉤在缺口上（包裝的橡皮筋是透明的，圖以紅色橡皮筋為清楚示意）。

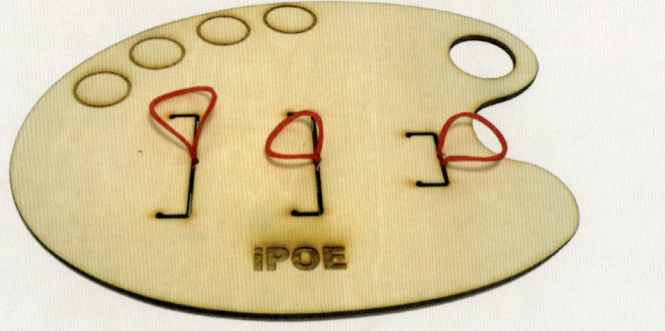

Step 3

用橡皮筋固定神經元模組。

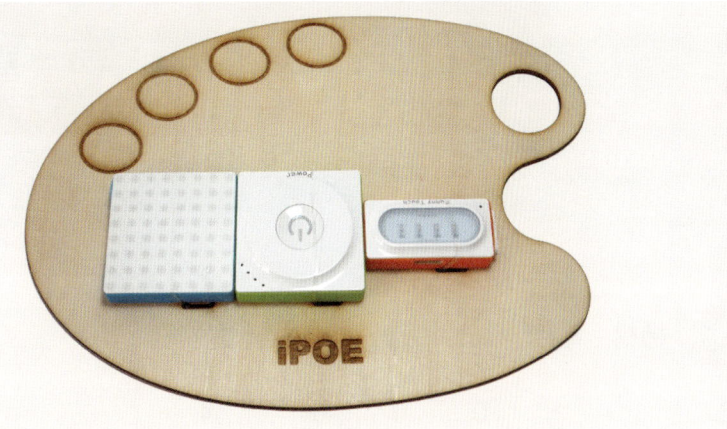

Step 4

插上觸碰導線與地線,整理線路,完成。

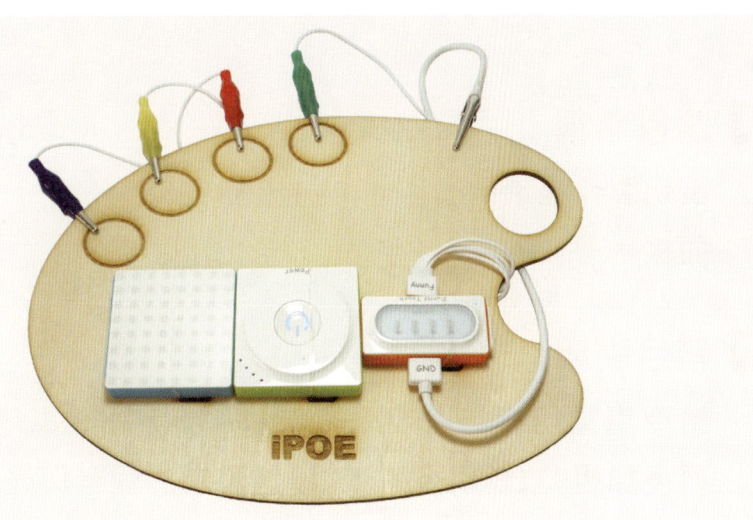

四 專題成果與延伸

請用左手手指按住地線,右手手指分別碰觸各個鱷魚夾導線,模組內建的程式讓 LED 面板亮出不同顏色,當隨機同時按住二個鱷魚夾,LED 面板會顯示二色混合的顏色變化。

Chapter 1　實作題

・創客指標・

外形 (專業)	機構	電控	程式	通訊	人工 智慧	創客總數
2	1	1	0	0	0	4

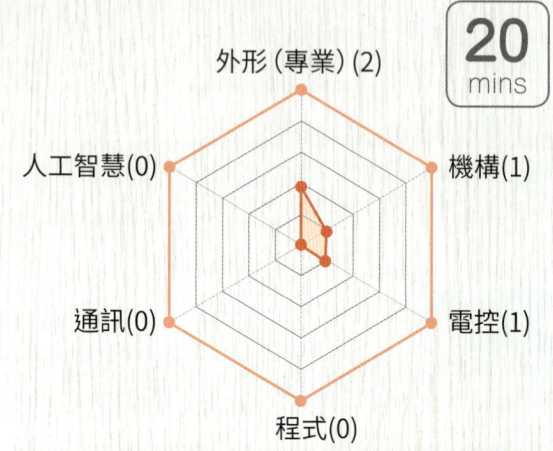

創客題目編號：A022001

🎵 題目名稱

雷切製作搖滾電子吉他，並加裝 LED 面板

🎵 題目說明

請應用雷切製作搖滾電子吉他，參考 1-3 專題 2：電子吉他的製作過程，並再多加組裝 LED 面板，試著體驗它的聲音與光線效果。

提示：注意模組排列方式，輸入模組（橙色）要在輸出模組（淺藍色）左邊。

神經元 Neuron
使用行動裝置軟體
Neuron App

Chapter 2

一個神經元模組，無論是透過藍牙或無線模組連接到一台 Pad 或一支手機，它將採取連線模式。讀者可設計 Neuron 模組與 iPad 或 Android Pad 中的 Neuron App 進行互動。

Neuron App 是以拉線方式連結神經元模組與程式節點，好像生物的神經元互相連結來編輯程式，並且提供完整的邏輯運算和數學運算，讀者可以進一步探索更多的可能性。本單元將介紹 iPad 平板上的 Makeblock Neuron App 編寫程式部分，以及運用神經元模組做出創造性的專題。

2-1　操作 Neuron App

一　安裝平板 Neuron App

請在平板上 Apple store（iOS）或 Google play（Android 系統）搜尋與安裝 Neuron App，並且開啟它。

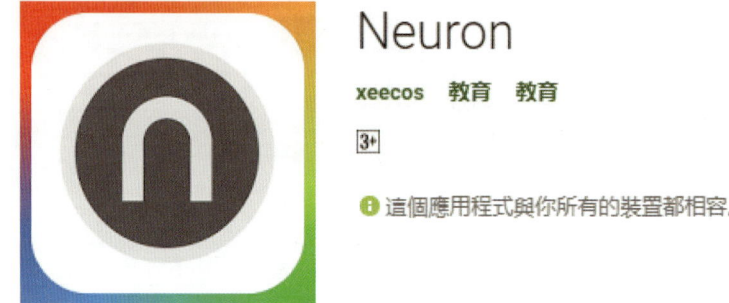

二　連接藍牙

首先將 Neuron 模組連接到 iPad，再將藍牙模組連接到電源模組，並開啟電源模組。打開應用程式 Neuron App 並點按藍牙圖示。

請將 iPad 移動到接近神經元模組，它會搜尋並連結。如果沒有連結成功，可以直接點按「藍牙清單」按鈕，然後點按清單中的設備名稱。藍牙的名字是以「Neuron_」開頭與一字串的名稱，每個藍牙模組的名字都是唯一的。

三 Neuron App 螢幕介面

　　如圖所示螢幕介面各部分說明，中間為編輯程式區，上方是已經連接的神經元模組圖示，下方為程式功能節點，使用拖曳方式來編輯程式。

四 使用神經元電子模組

　　將一個神經元電子模組連接到藍牙模組時，該模組會自動顯示在螢幕的上方，這時候可以把它拖曳到編輯區中。

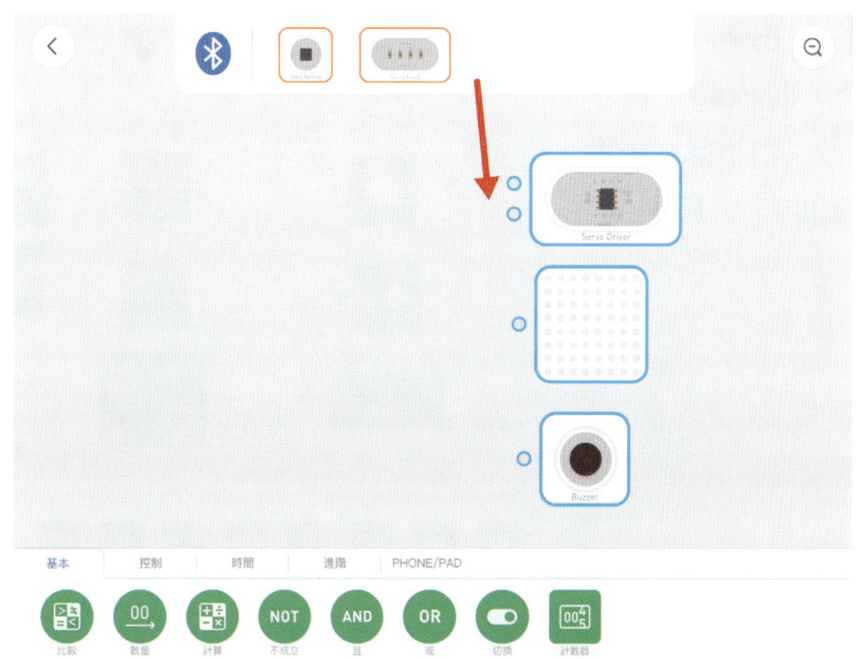

五 程式節點介紹

在畫面的下方即是神經元程式節點工具列，Neuron App 的程式節點通常具有輸出或輸入端，在節點的輸出和另一個節點的輸入之間畫一條線即完成連接。例如，將按鈕接到蜂鳴器，則表示按鈕「控制」蜂鳴器，按下按鈕即打開蜂鳴器發出音調。以下介紹各個分類的程式節點：

1. 神經元「基本」程式節點

包含比較、數量、數學運算，邏輯運算 AND、OR、NOT，切換、計數器等程式流程與判斷節點。

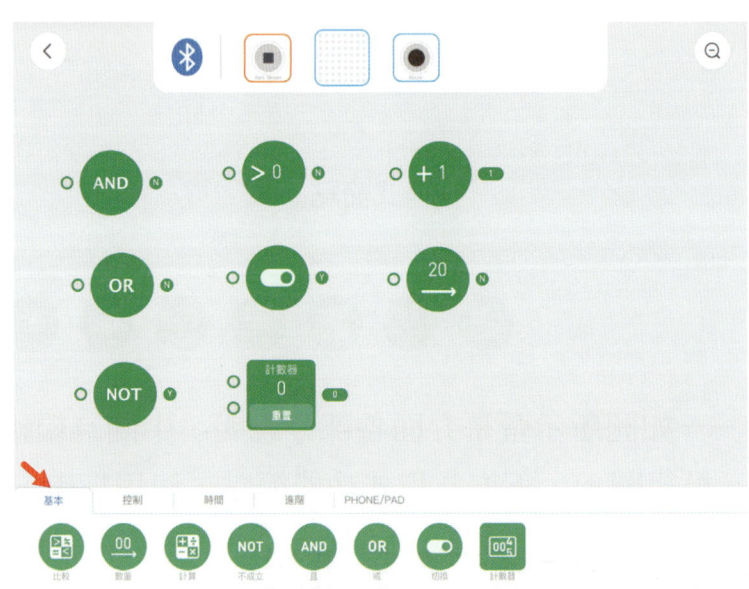

2. 神經元「控制」程式節點

包含按鈕、開關、滑桿、指示燈、標籤、曲線圖、數字輸入、文字輸入等功能，在做程式模擬與偵錯時十分好用。

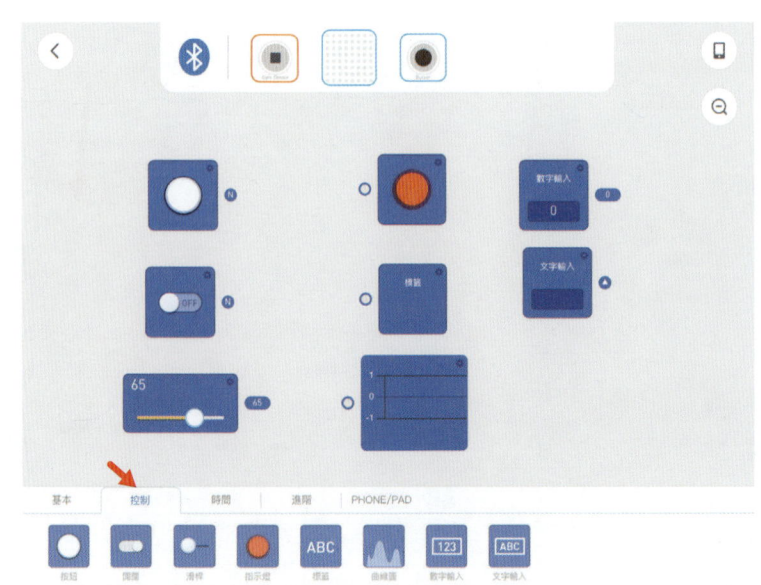

3. 神經元「時間」程式節點

包含延遲、保持、平均、今天、現在、間隔、Repeat 等功能。

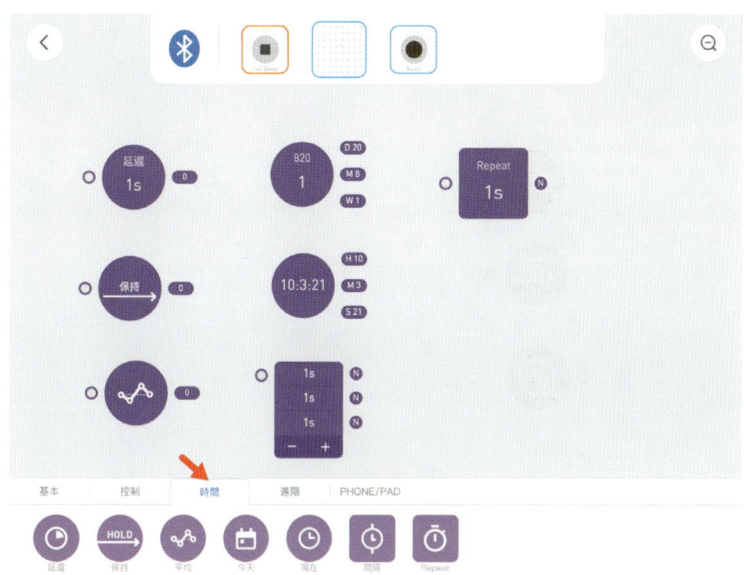

4. 神經元「進階」程式節點

包含隨機、比例、過濾、方程式、計算+、比較+、閥等進階的數學與邏輯運算功能。

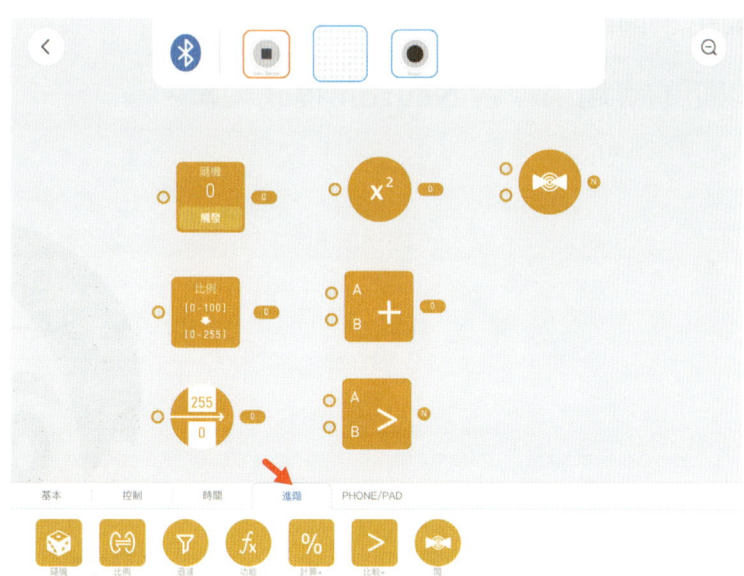

5. 神經元「PHONE/PAD」程式節點

包含引用平板與手機內建的喇叭、陀螺儀、音效等功能。

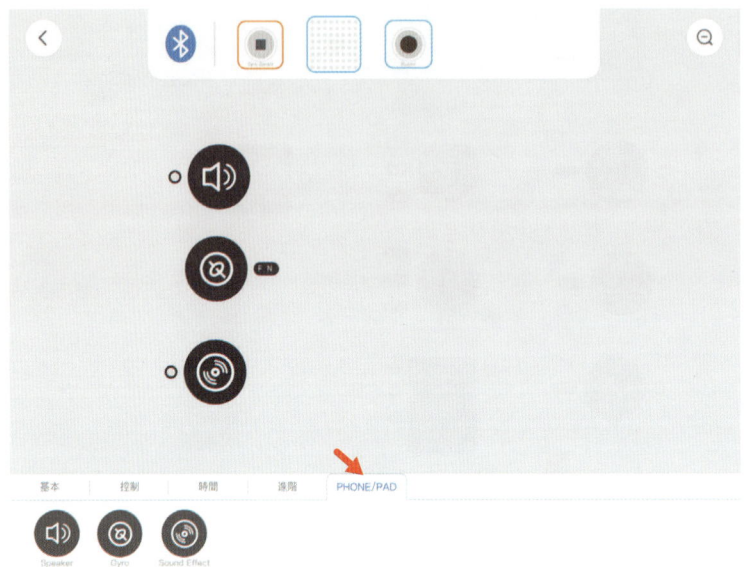

6. 編輯程式

　　Neuron App 使用「程式流程」編輯模式，例如按鈕在觸發時，訊息發送到 LED 面板，按鈕節點的狀態呈現「Y 是」或「N 否」， LED 面板則有圖案或顏色等不同的狀態輸出，節點間的拉線則決定連結模式。

　　我們可以從以下的專題來練習 Neuron 程式編輯。

2-2　專題 4：小夜燈

利用製作小夜燈來練習 Neuron App 第一個程式。可以先不用裝上紙卡造型，先使用神經元 Neuron 模組來練習程式編輯。

一　動作說明

設計程式，當輕碰小夜燈（或直接敲陀螺儀 Gyro 模組）時，敲一下開燈，再敲一下關燈。

二　使用的神經元電子模組

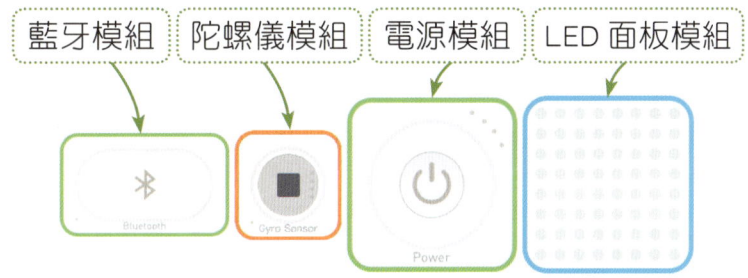

三　編輯過程

Step 1

將「陀螺儀」與「LED 面板」拖曳到編輯區。

Step 2

點按「LED 面板」圖示，編輯顯示圖案，改成黃光全亮。

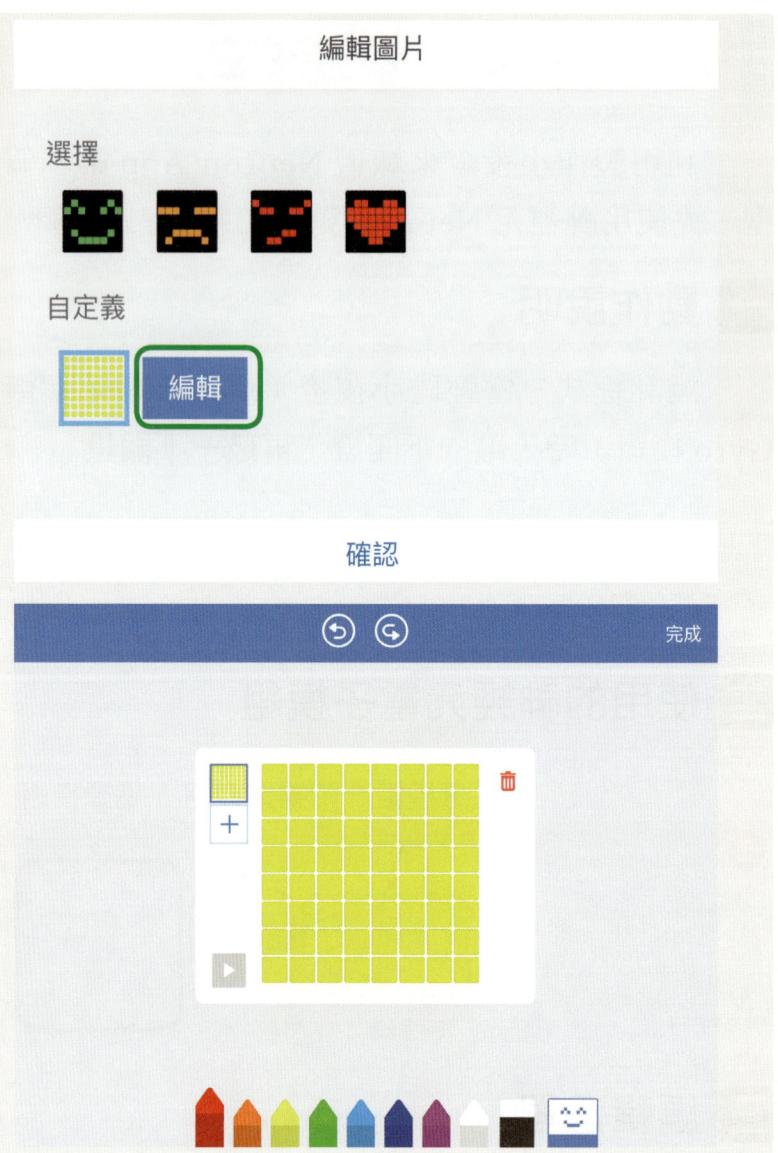

Step 3

點按「陀螺儀」圖示，編輯模式為震動。

Step 4

在圖示間拉線即完成程式，會發現當敲一次陀螺儀時，LED 面板亮一下即熄滅。

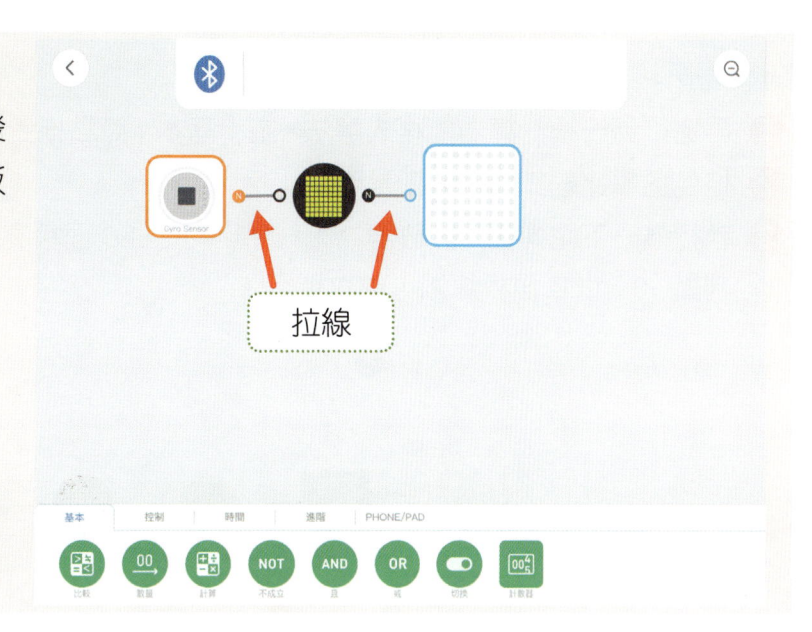

Step 5

❶ 增加一個「保持時間」節點，點按修改保持時間為 3。
❷ 執行敲一下陀螺儀，LED 面板亮一下保持 3 秒後熄滅。

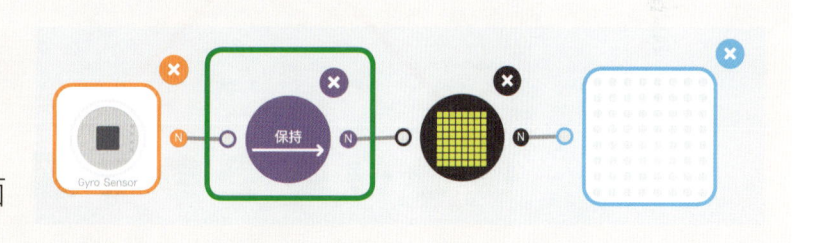

Step 6

❶ 依照題意，使用進行計算功能，在「基本」節點拖曳「計數器」節點，點按修改「100」後重置。
❷ 拖曳「計算」節點，公式為除以 2 的餘數。
❸ 執行，敲一下陀螺儀，計數器為 1，求餘數為 1，LED 面板亮；再敲一下陀螺儀，計數器為 2，除以 2 餘數為 0，LED 面板熄滅，依次進行。

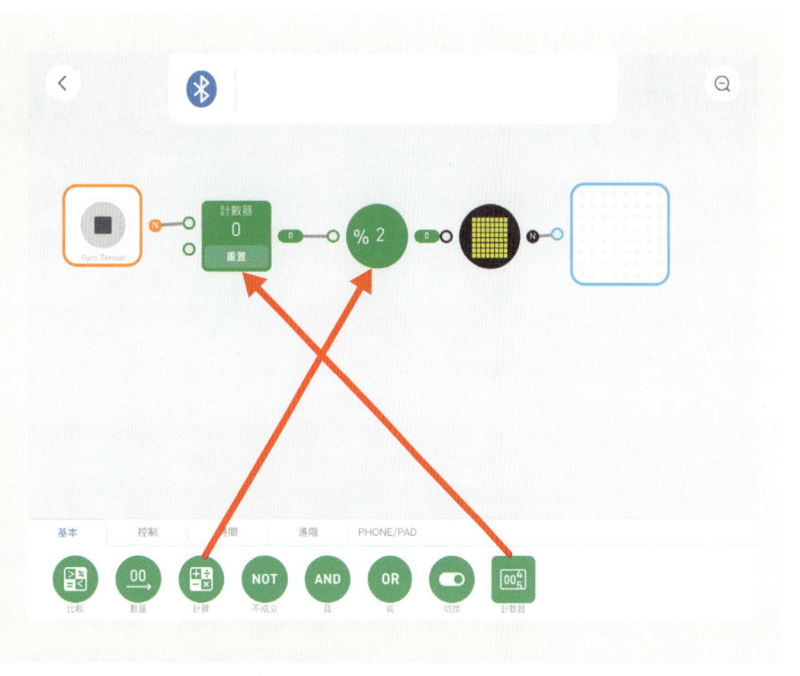

Step 7

① 再進行另一種計算功能程式解法，在「基本」節點拖曳計數器節點，點按修改 1 後重置。
② 拖曳邏輯比較節點，判斷是否 =1。
③ 執行敲一下陀螺儀，計數器為 1，判斷 =1，LED 面板亮；再敲一下陀螺儀，計數器歸 0，判斷 =0，LED 面板熄滅，依次進行。

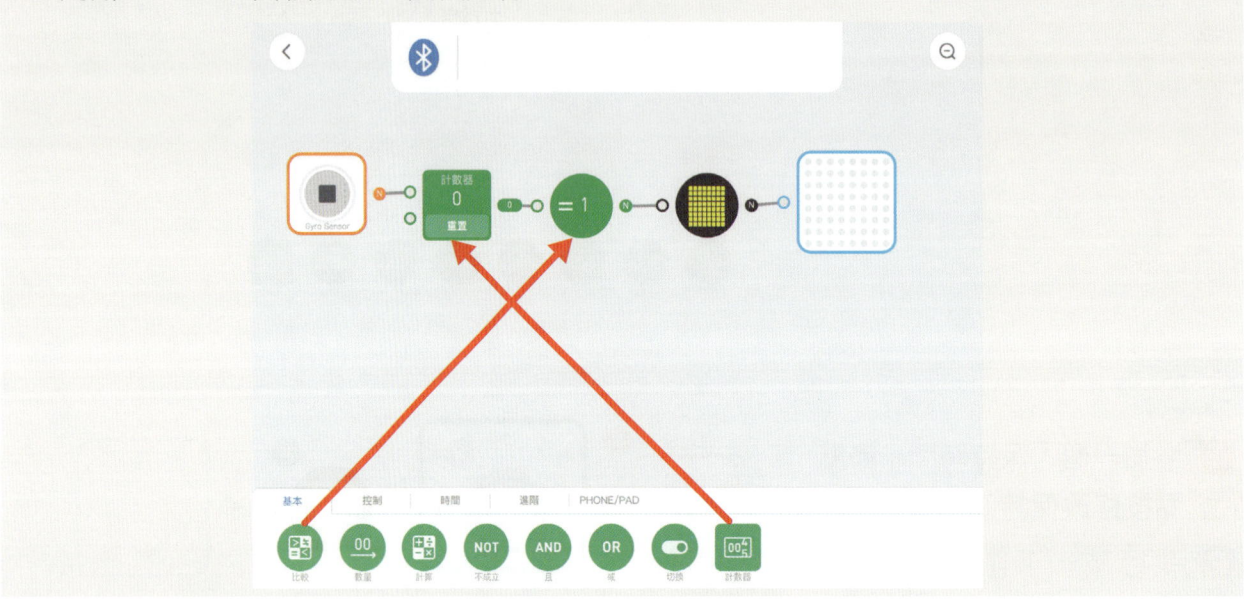

以上為專題 4：小夜燈，介紹 Neuron App 程式編輯過程，可知以完整的程式發展流程，呈現不同的控制結果；並同時介紹神經元模組的細部功能編輯，以及應用數學運算與邏輯運算等程式流程功能，請試著操作。

2-3　專題 5：心跳偵測儀

一　動作說明

打開開關，聽到心跳聲與心跳的圖案閃爍，每次 1 秒。

二　使用的神經元電子模組

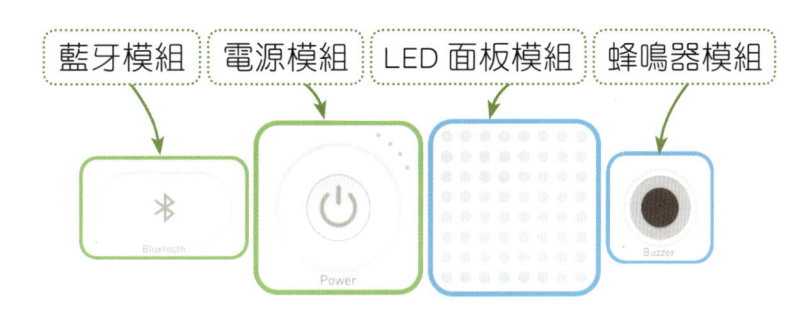

藍牙模組　電源模組　LED 面板模組　蜂鳴器模組

三　編輯過程

Step 1

將「蜂鳴器」與「LED 面板」拖曳到編輯區。

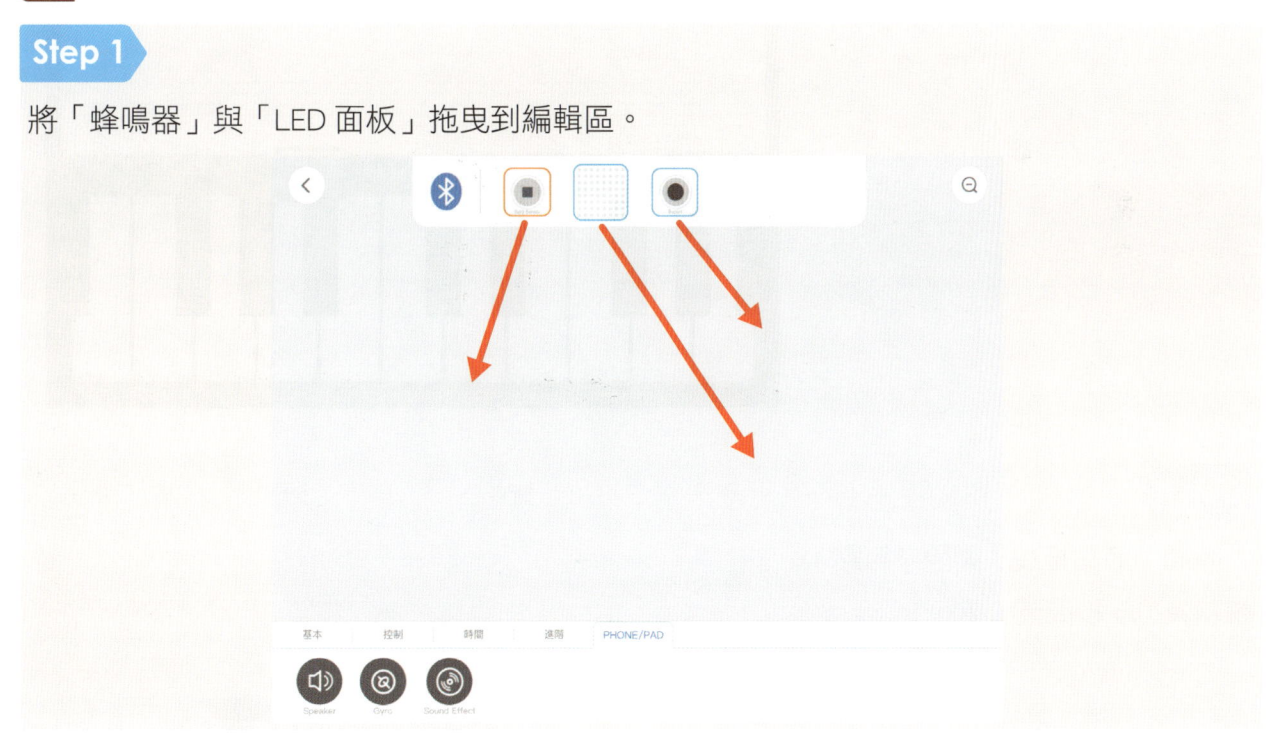

Step 2

點按 LED 面板圖示，編輯顯示圖案，改成愛心符號。

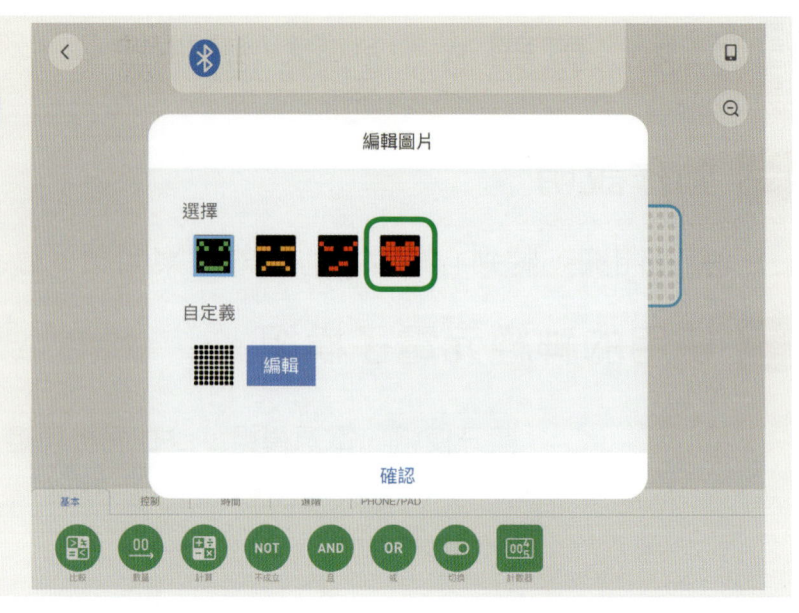

Step 3

點按蜂鳴器圖示，編輯聲音為 Si，1/8 音符。

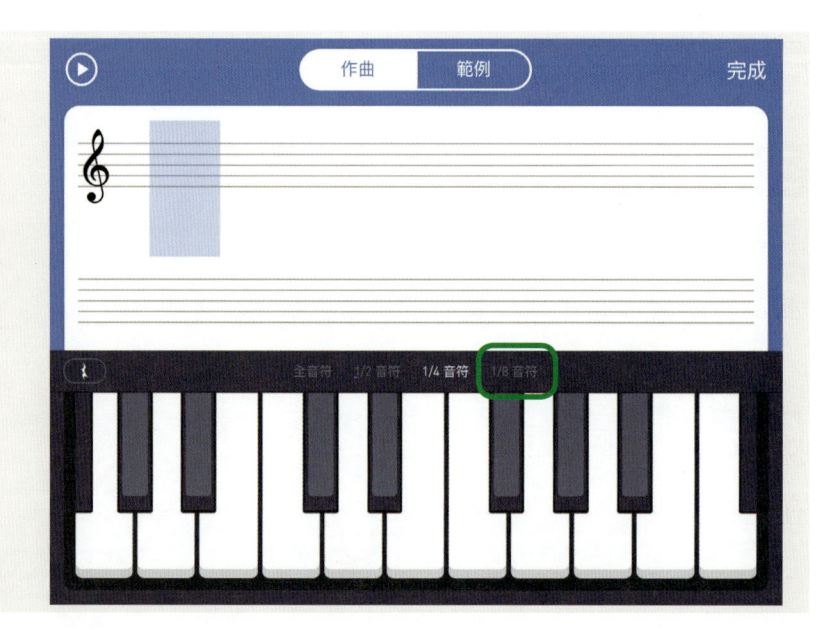

Step 4

「時間」節點拖曳「間隔」節點，編輯為 0.5 秒間隔 2 次。

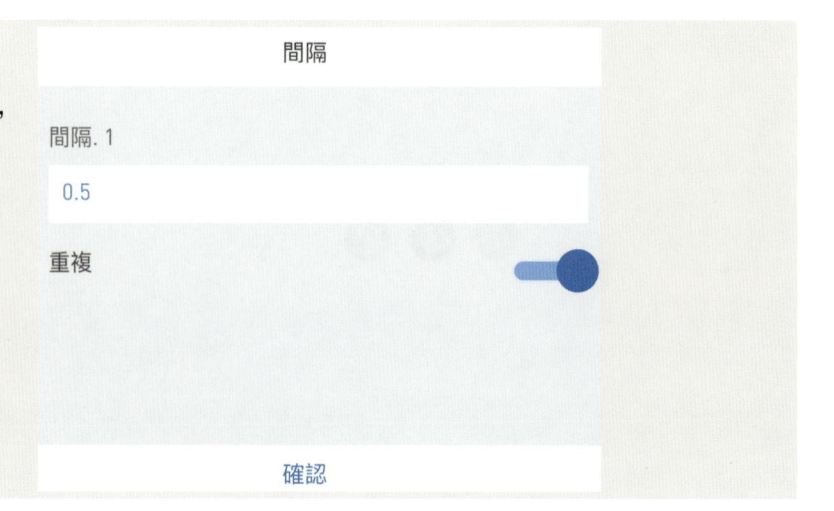

Step 5

在「控制」節點拖曳「開關」節點,各節點之間拉線。

Step 6

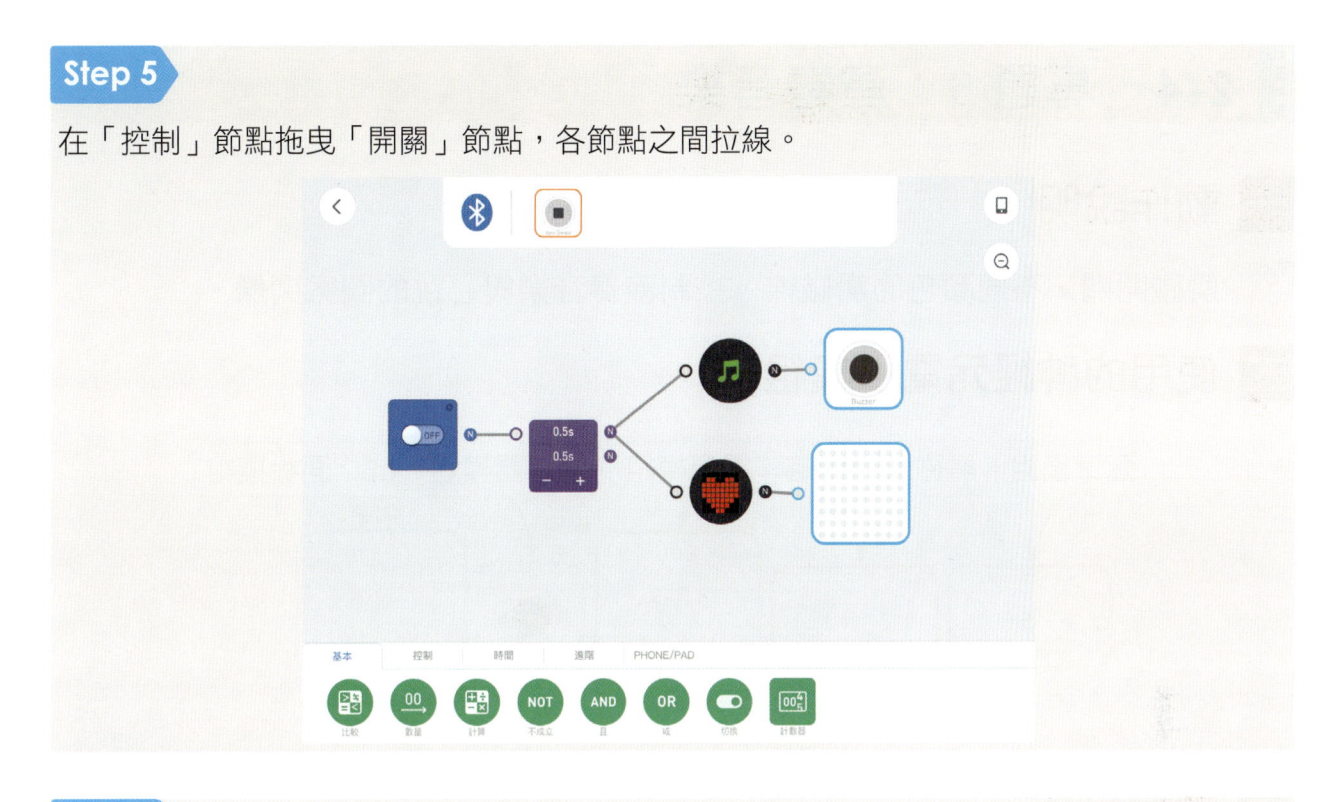

在編輯區點按「開關」節點,可觀察:聽到心跳聲與心跳的圖案閃爍,每次 0.5 秒亮,0.5 秒滅,間隔地重複執行。

在專題 5:心跳偵測儀,介紹控制節點虛擬開關的用法,與時間節點間隔的控制。「控制」節點中的各種節點功能,可以取代真實的神經元模組使用,或者在程式除錯時,分別檢查各連結的問題。

2-4　專題 6：演奏音樂

一　動作說明

觸碰開關，不同顏色的觸碰線，控制演奏音樂與心跳的圖案閃爍。

二　使用的神經元電子模組

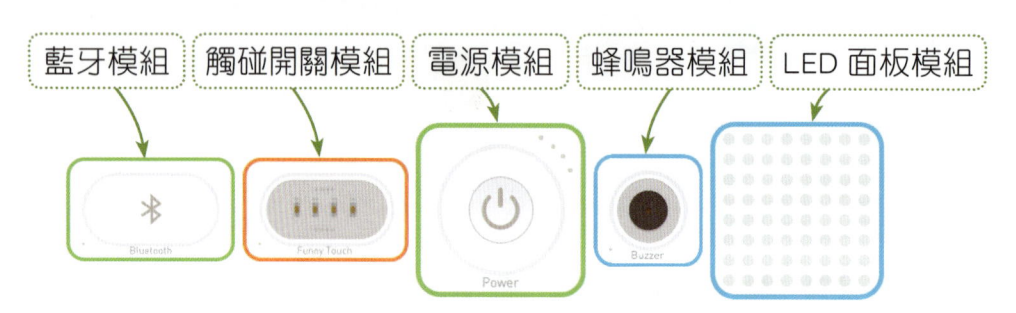

藍牙模組　觸碰開關模組　電源模組　蜂鳴器模組　LED 面板模組

三　編輯過程

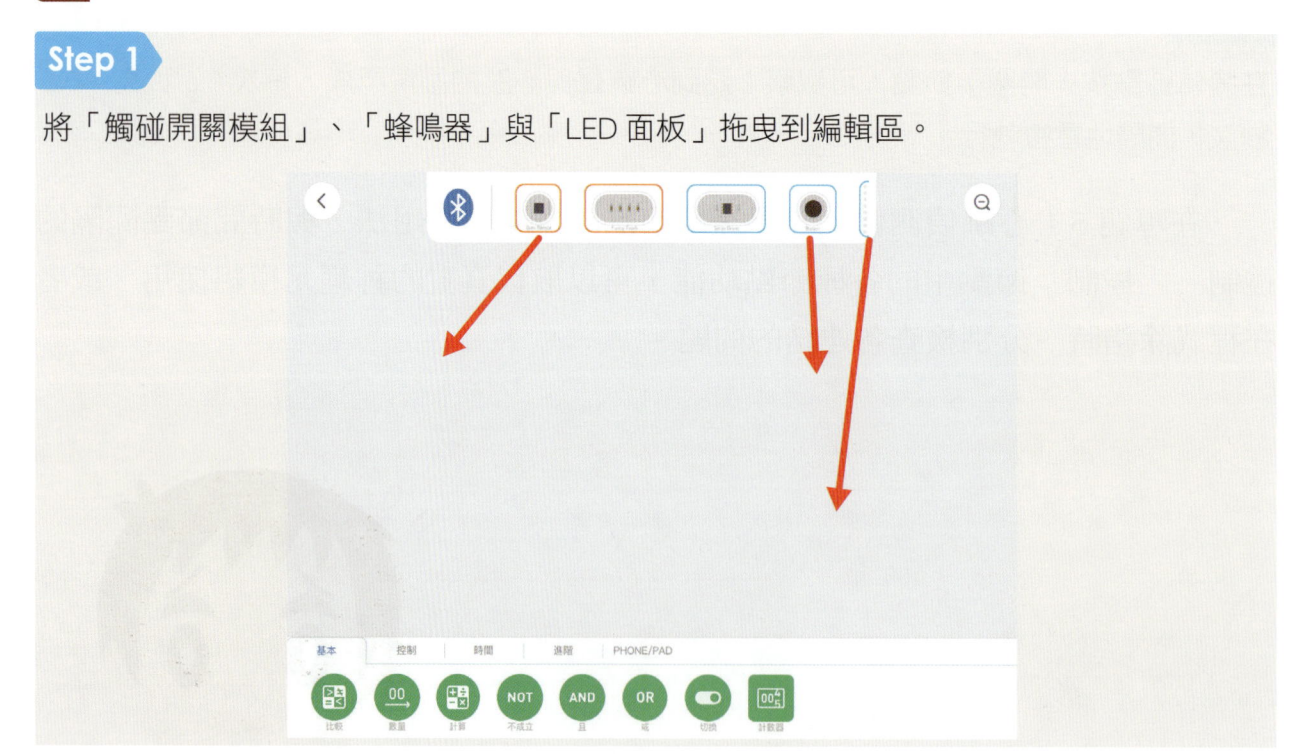

Step 1

將「觸碰開關模組」、「蜂鳴器」與「LED 面板」拖曳到編輯區。

Step 2

點按 LED 面板圖示、編輯顯示圖案，修改成二個愛心符號。

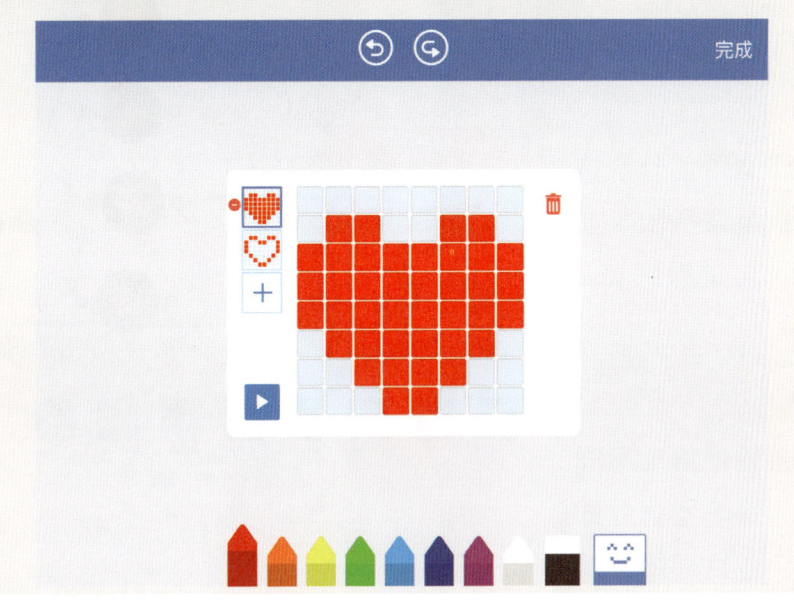

Step 3

點按蜂鳴器圖示，分別拉出範例音樂。

Step 4

點按觸碰開關模組圖示，拉出四個顏色的觸碰線。

Step 5

拉程式流程線，四個顏色分別拉到蜂鳴器四個範例音樂輸出，並且從音樂輸出端，再拉線到 LED 面板的表情符號。

Step 6

立即執行，如果接觸地線＋不同的觸碰線鱷魚夾，蜂鳴器會立即演奏對應的歌曲，並且連續閃爍愛心符號。

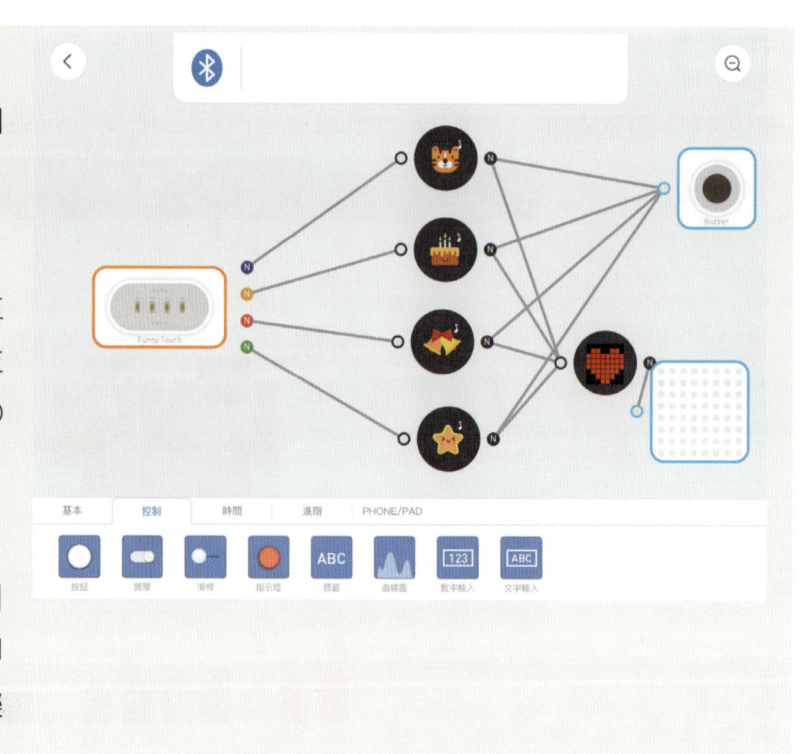

2-5　專題 7：仿生尺蠖

引用行動裝置平板內建的陀螺儀，控制第一章製作的仿生尺蠖模型（模型組裝請參考專題 1）。

Step 1

模型改接藍牙模組，移除陀螺儀模組；開啟電源，並與平板連線完成。

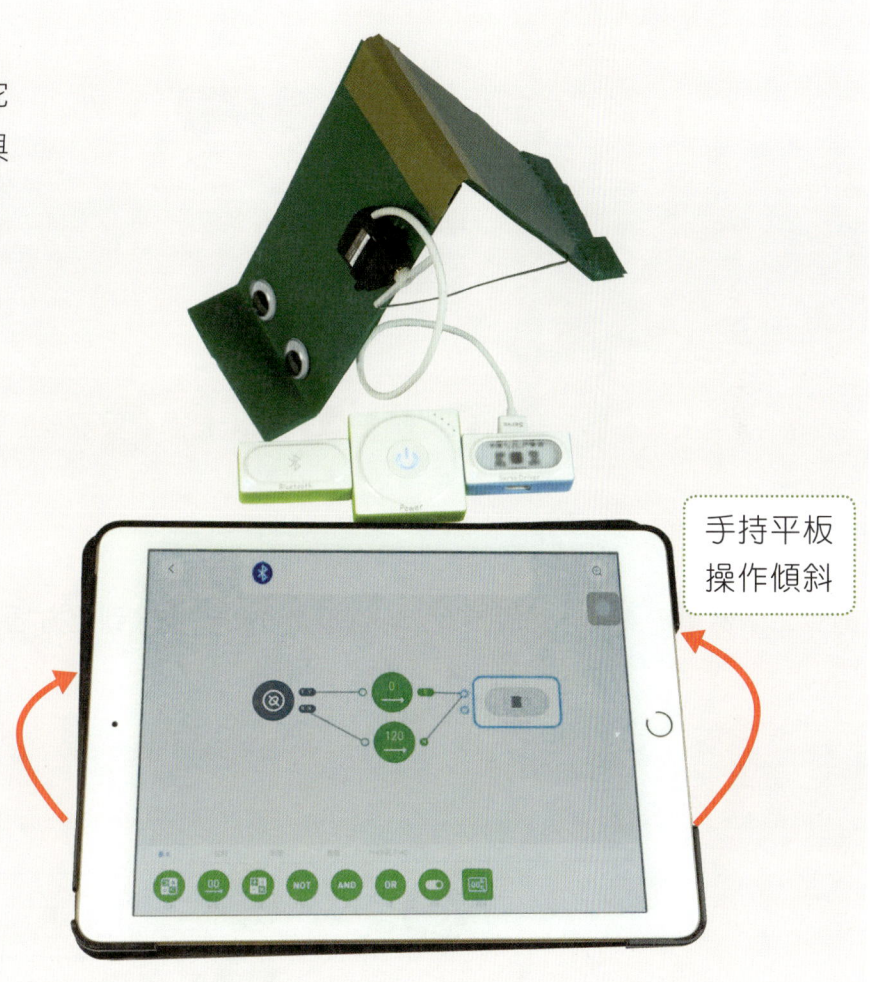

手持平板操作傾斜

Step 2

從 PHONE/PAD 拖曳「Gyro 陀螺儀」到編輯區。

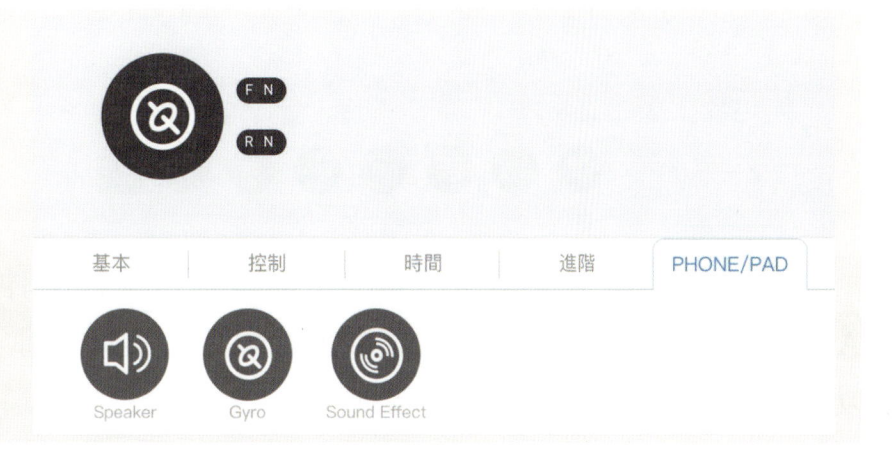

Step 3

點按 Gyro 陀螺儀，選擇 Incline 傾斜，選擇「前」與「右」方位（可自行選擇其他方位）。

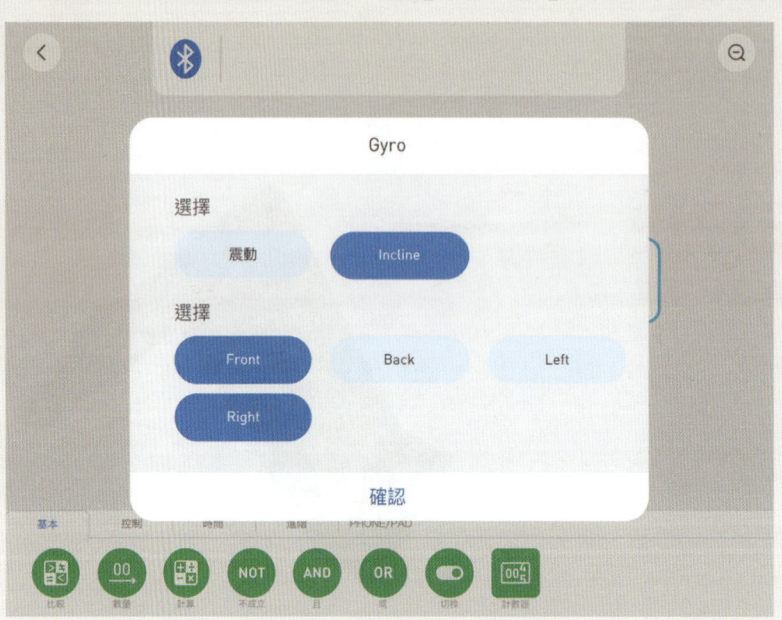

Step 4

拖曳二個數量節點，一個設為 0，一個設為 120，拉線到上方插孔（2 號插孔），完成。

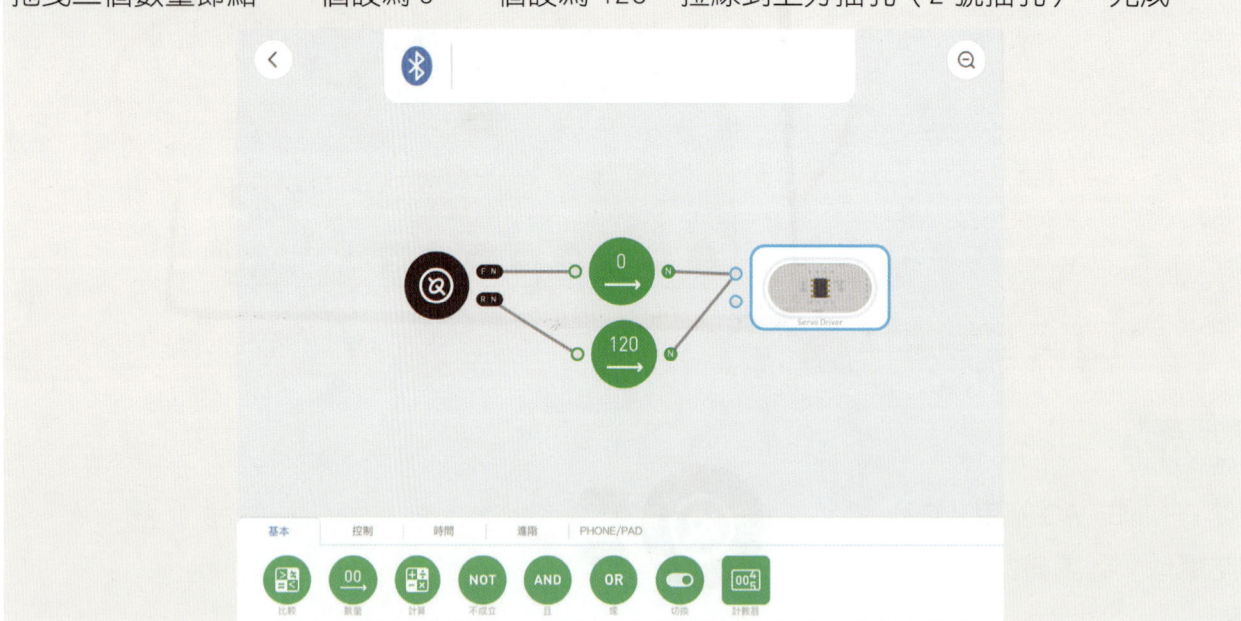

　　請讀者手持平板操作傾斜，會觀察到仿生尺蠖伸縮地前進喔！這個專題 App，引用平板的 Gyro 陀螺儀裝置與神經元共同使用，可以發現神經元模組的功能強大。

Chapter 2　實作題

·創客指標·

外形 (專業)	機構	電控	程式	通訊	人工 智慧	創客總數
2	1	1	1	1	0	6

外形(專業)(2)
機構(1)
電控(1)
程式(1)
通訊(1)
人工智慧(0)

50 mins

創客題目編號：A022002

🎵 **題目名稱**

雷切四足行走機器人，並控制行走

🎵 **題目說明**

與本章專題 7：仿生尺蠖相同，引用平板的陀螺儀，控制四足行走機器人模型。（請先使用雷射切割 3mm 椴木板，做一隻以擺動前進的單驅動四足行走機器人。）

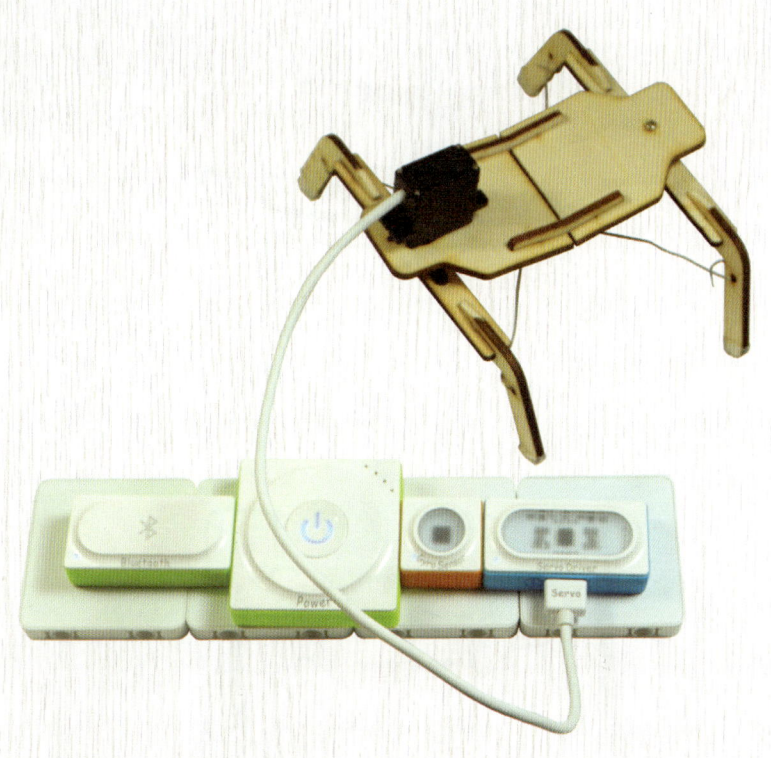

1. 雷切圖檔

圖檔	四足行走機器人 .dxf

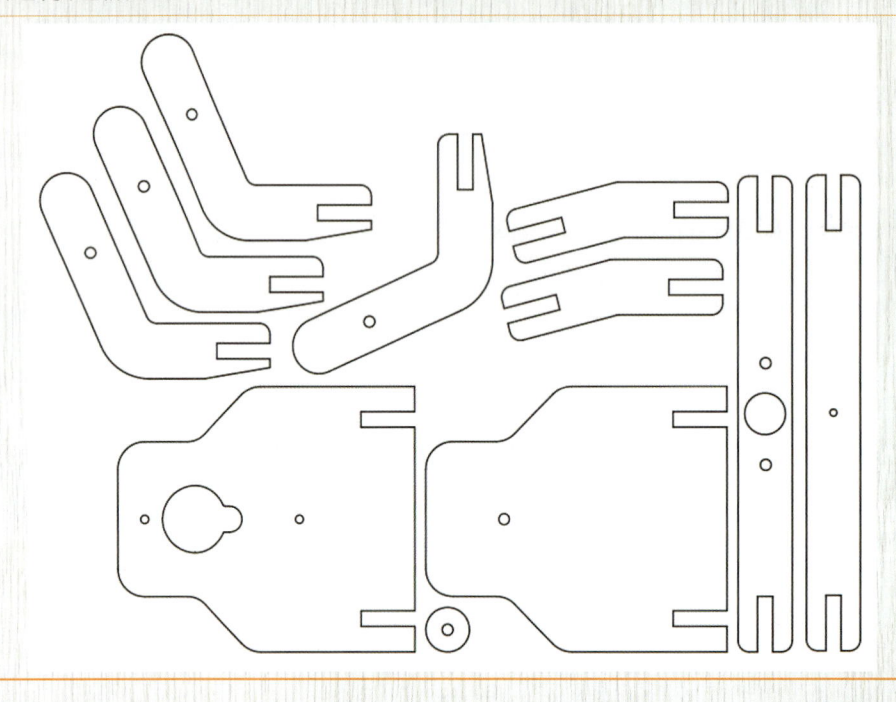

2. 組裝過程

Step 1

組裝身體，特別設計成 2 段，讓足部擺動時會產生高低差。身體使用橋接方式連接 2 片。

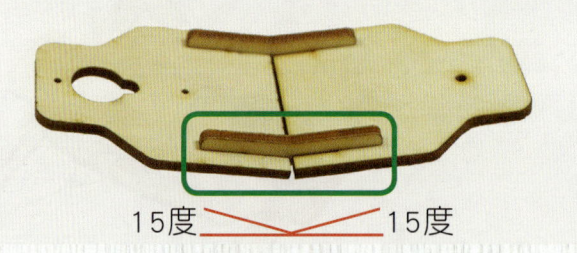

15度　　15度

Step 2

組裝前後腳，兩邊以白膠加強黏合。

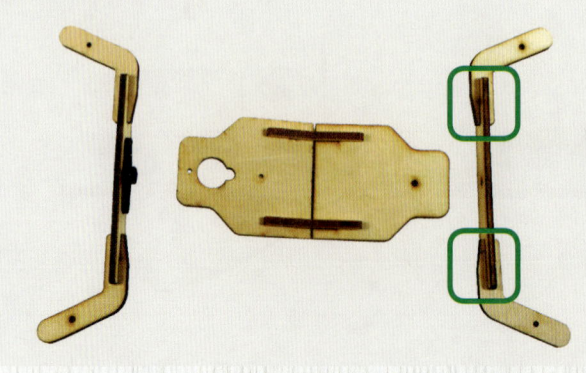

Step 3

組裝足部,後腳使用尖尾螺絲釘,輕輕鎖緊保持活動。接著將前後腳擺平行位置,在對角的 2 足用 #20 不鏽鋼線做連桿連結起來。

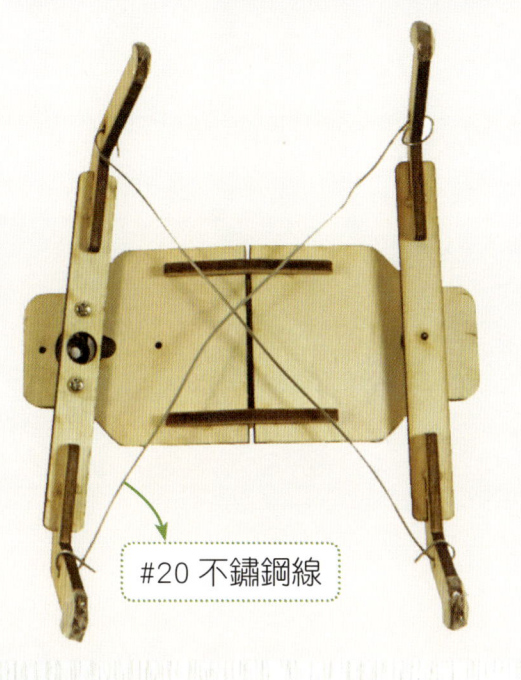

#20 不鏽鋼線

Step 4

足部可以用熱熔膠塗一塗,增加抓地力。

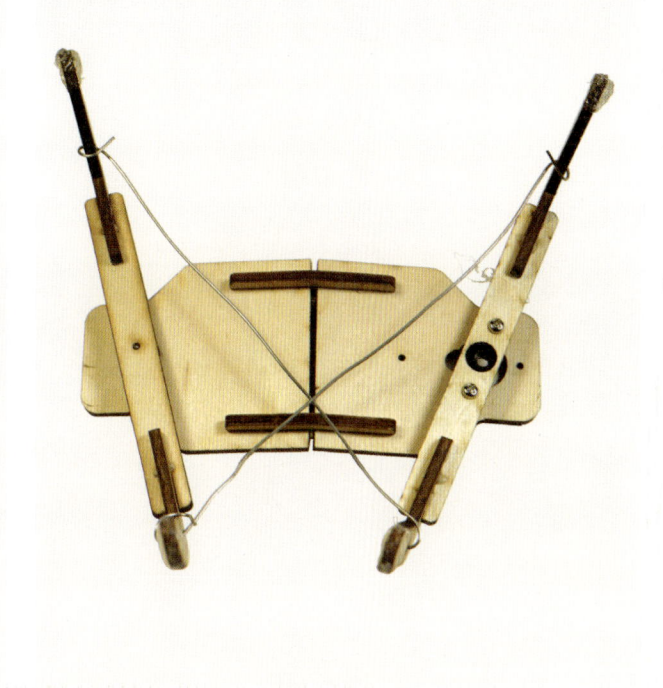

Step 5

裝上伺服馬達,伺服馬達在水平時,角度為 90 度。可以先用伺服馬達驅動足部,將伺服馬達心軸逆時針轉到底,再順時針轉約 90 度位置時裝配。

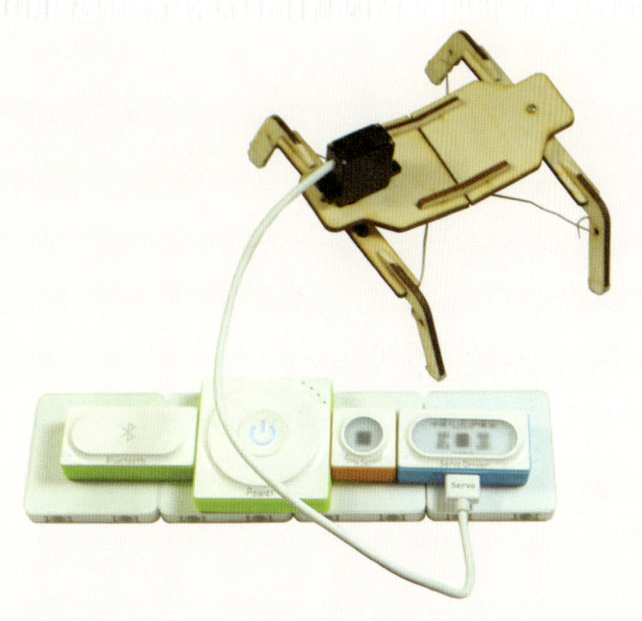

⚠️ 提示

如同用平板陀螺儀控制仿生尺蠖的專題,請手持平板操作傾斜,使四足行走機器人努力擺動足部。因為縮往中間移動的腳會觸到地面(身體中間較低),因此前腳會騰空往前;適當地在身體後端加些配重,會走得更好。

Chapter 3

神經元 Neuron
使用電腦端 mBlock

mBlock 5 是 Makeblock 公司基於 Scratch 3.0 開發，結合軟體、硬體為一體，STEAM 教育領域的程式設計創作平台，讓使用者輕鬆入門程式設計學習，激發程式設計興趣，享受創造的樂趣。

mBlock 5 程式設計使用圖形化程式設計介面，採用遊戲化學習的方式，讓沒有基礎的使用者能輕鬆上手程式設計，透過挑戰任務，循序漸進的學會程式設計技能，為自己的作品賦予更多的創意。

mBlock 5 目前有三種操作環境：
1. 從網頁瀏覽器線上設計程式：https://ide.makeblock.com。
2. 電腦端安裝版：http://www.mblock.cc/zh-home/software/mblock/mblock5/。
3. 平板 Pad 版：支援 iOS 與 Android 平板作業系統，掃描 QR 碼安裝，或在 Apple Store 及 Google Play 中搜索「mBlock」均可下載。

3-1　下載與安裝 mBlock 5

Step 1

在 mBlock 官網頁：http://www.mblock.cc/zh-home/software/，頁面圖示點按「Windows 下載」。

Step 2

下載完成，點按「V5.0.0-beta.5.2exe」，開啟檔案執行安裝。

Step 3

選擇「繁體中文」，再按「確定」。

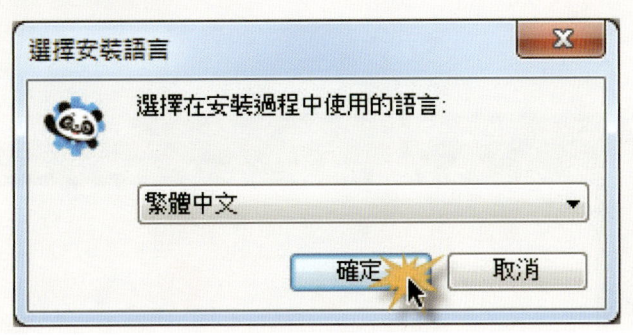

Step 4

以下為安裝路徑，繼續按「下一步」。

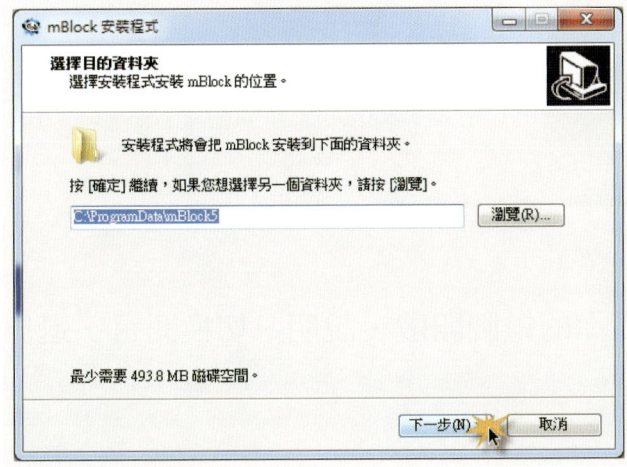

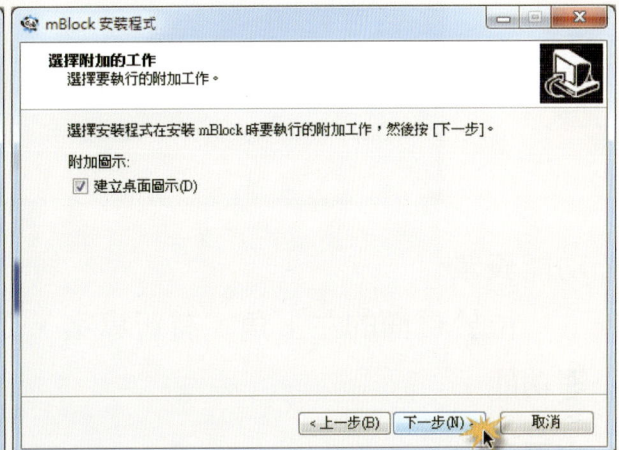

Step 5

點按「安裝」。

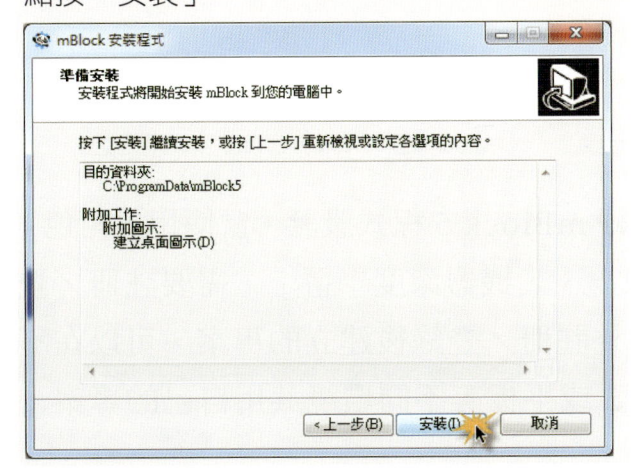

Step 6

點選「完成」，開啟 mBlock 5。

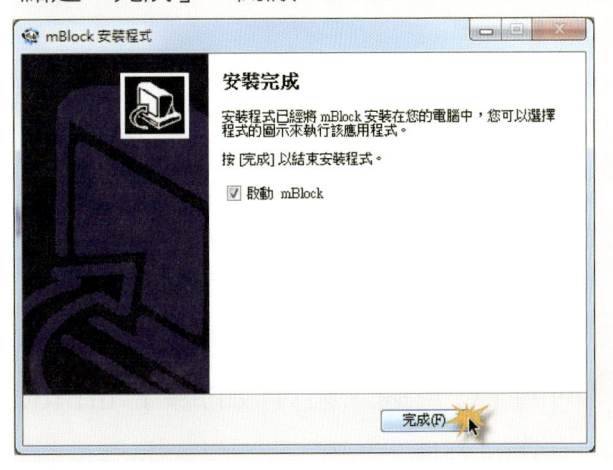

3-2　mBlock 5 操作環境

一　檔案管理頁

1. 功能表單

　　位於頁面的左上角，有新專案、從你的電腦開啟、說明、切換語言、退出等功能。

2. 主頁面

　　位於頁面的正中，分為「我的專案」和「範例程式」兩大版塊。在「我的專案」裡，可以新建一個專案，也能看到已有的專案。

3. 範例程式

　　可以查看到官方提供的程小奔、舞台、AI 和 IoT 程式。

4. 註冊／登錄欄

　　位於頁面的右上角，可以註冊／登錄 mBlock 5 程式設計。當使用「角色」的擴展中心程式積木，例如「人工智慧」、「機器深度學習」，需要註冊／登錄 mBlock 5 帳號才能使用此功能；另外註冊／登錄後建立的專案，可以在不同的 PC 電腦、網頁版的線上 mBlock 5 或平板等不同環境共用自己的專案，十分的方便。

mBlock 5 程式設計視窗

1. **舞台區**

    呈現作品效果的區域。

2. **設備、角色與背景**

    設備的連接、角色設置與背景圖案設置等功能都在這個區域進行。

3. **積木區**

    提供程式設計所需的積木，可以按照分類及顏色選擇所需的積木，包含了「動作」、「外觀」、「音效」、「事件」、「控制」、「偵測」、「運算」、「變數」、「我的積木」、「＋」等分類。

4. **程式區**

    程式的編寫區域，將積木拖放到這個區域來編寫程式。

三 mBlock 5 連接神經元 Neuron 硬體

Step 1

使用 micro-USB 電纜連接神經元的藍牙模組，USB 端連接電腦。（註：micro-USB 電纜不要使用原包裝內 10cm 的電纜，最好使用 100cm 長的電纜，以免牽制住神經元模組，不方便實驗）

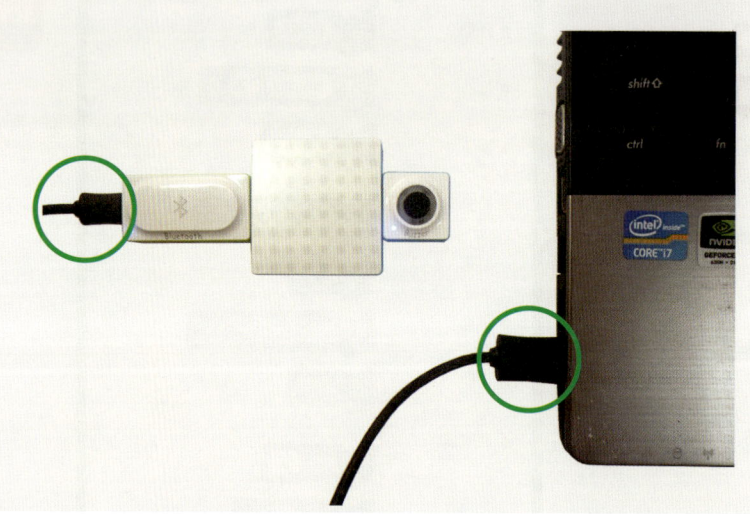

Step 2

在 設備 點按「+」，增加設備。

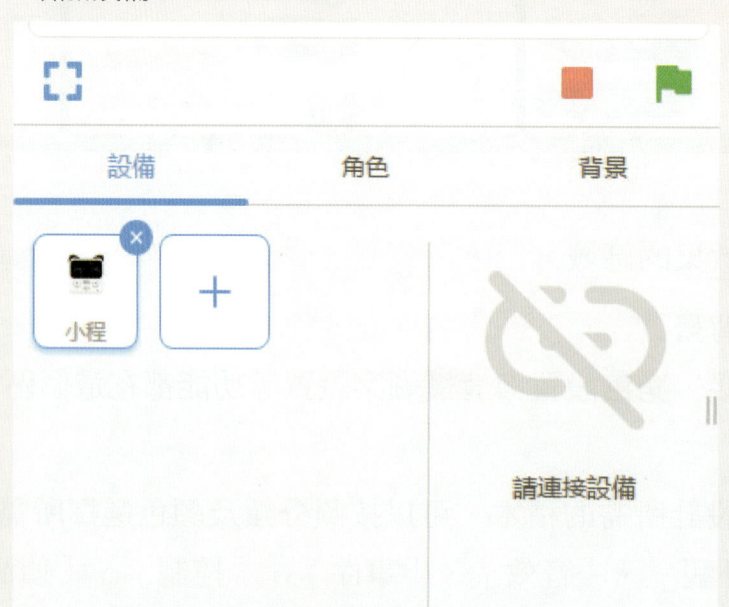

Step 3

在「設備庫」點按「神經元」，按「確認」增加神經元模組。

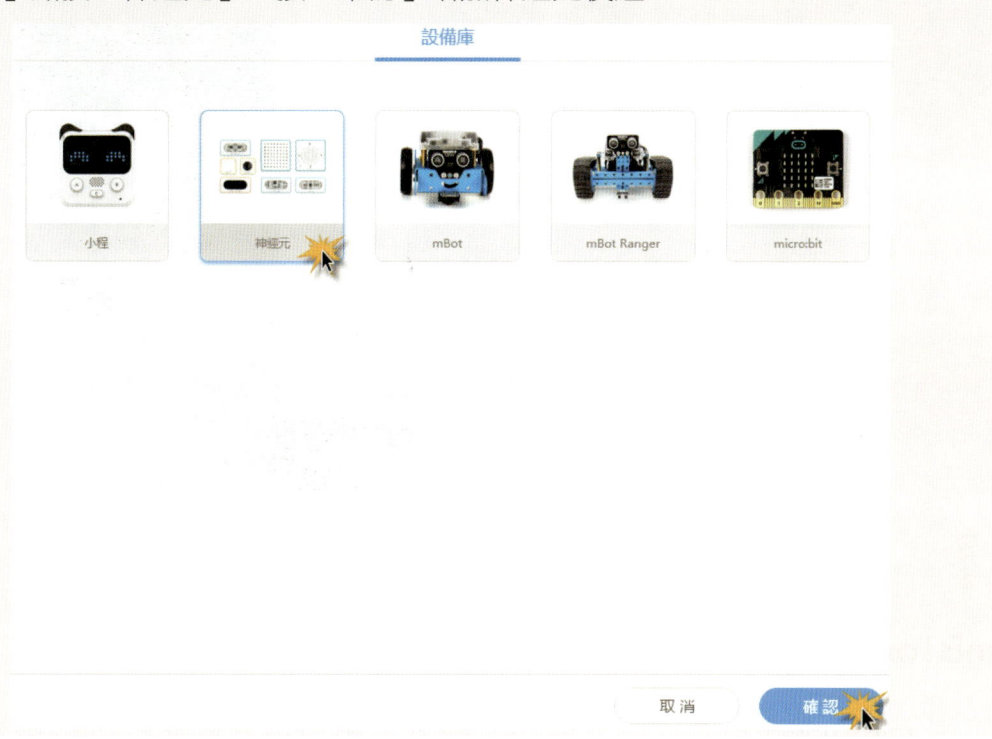

Step 4

點按「連接」，確認 COM 正確後，按「連接」，可觀察到顯示連接成功，藍牙模組上顯示綠燈，確認神經元與 mBlock 5 完成連線。

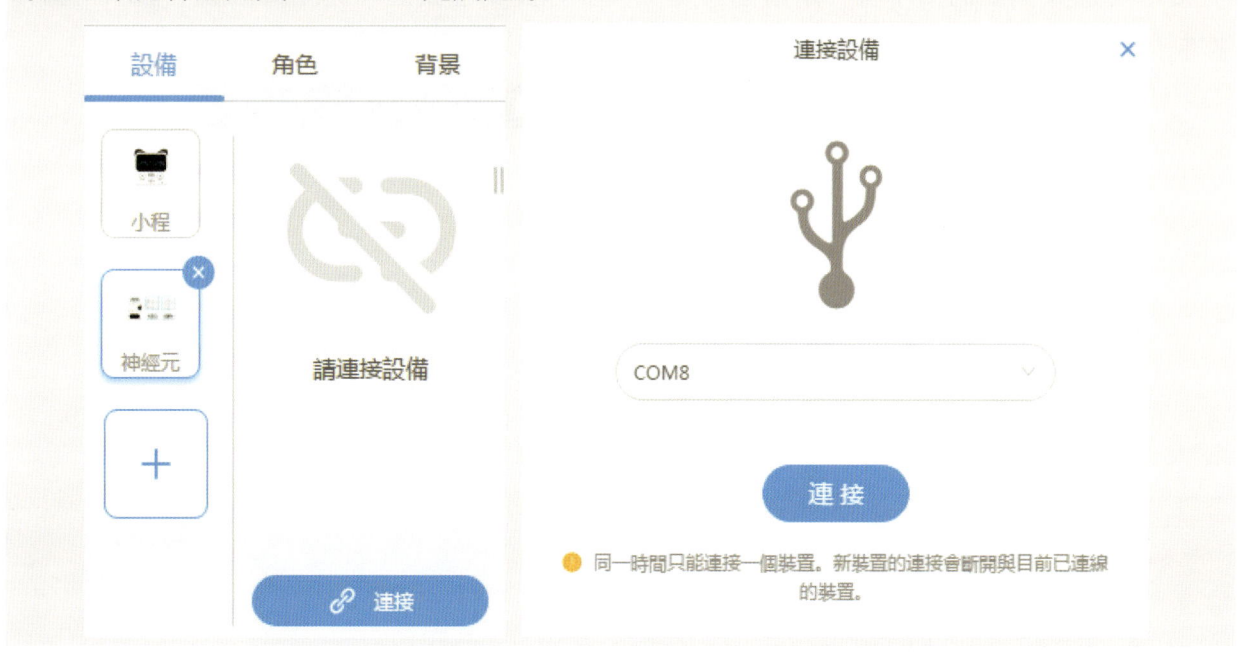

另外，如果擁有 Makeblock 專用的藍牙模塊，可以如下圖方式連線，操作方式與前列 Step2～Step4 一樣，讓神經元操作更自由。

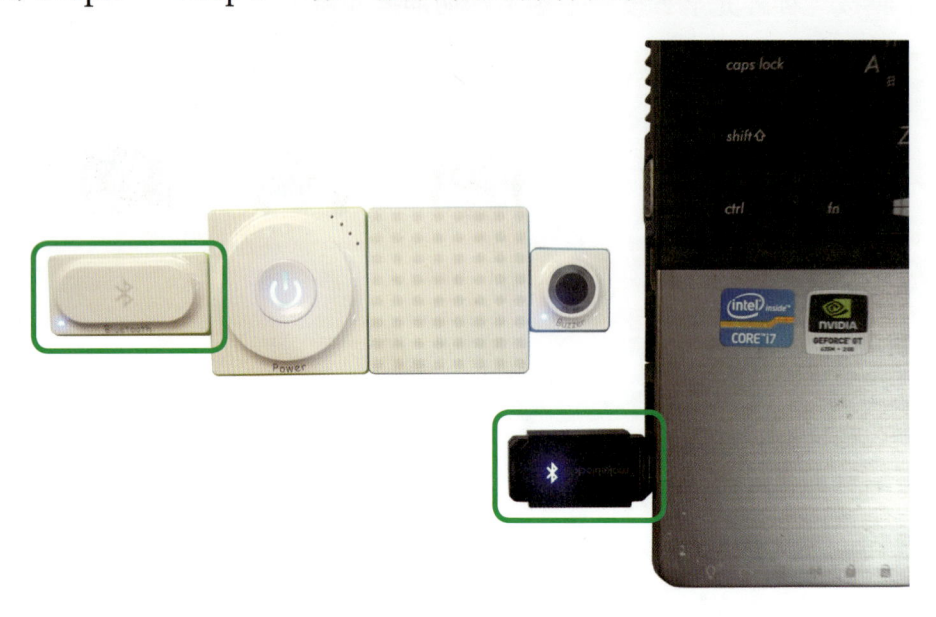

四 mBlock 5 程式設計快速上手

使用 mBlock 5 積木式程式的設計模式，會發現程式設計就跟搭積木一樣簡單。

Step 1

從積木區選擇需要的積木塊，用滑鼠左鍵點按並拖曳到程式區，鬆開滑鼠放下積木。並從控制類別，拖曳「當綠旗被點擊」到程式區。

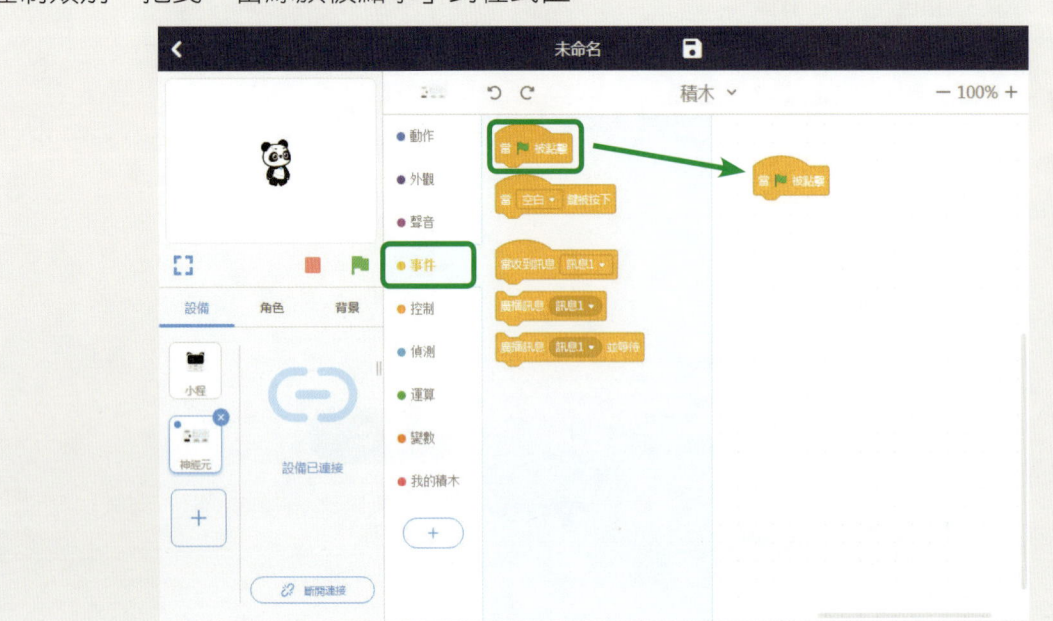

Step 2

從外觀類別，拖曳與修改說出「你好」，不同顏色、形狀的積木塊可以相互連接。

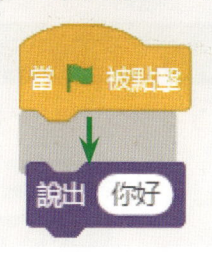

Step 3

直接點按積木或者舞台的綠旗執行，它可以直接在舞台區展現成果。以這例子，角色熊貓會說出「你好」。

五 mBlock 5 程式設計增加擴展程式積木

　　進行積木式程式設計時，除了可以使用 mBlock 程式設計基本的積木，還可以在擴展中心為 mBlock 程式設計增加更多的積木類別，擴增更多功能。例如增加音樂功能，步驟如下：

Step 1

角色：點按積木區最下方的「+」按鈕。

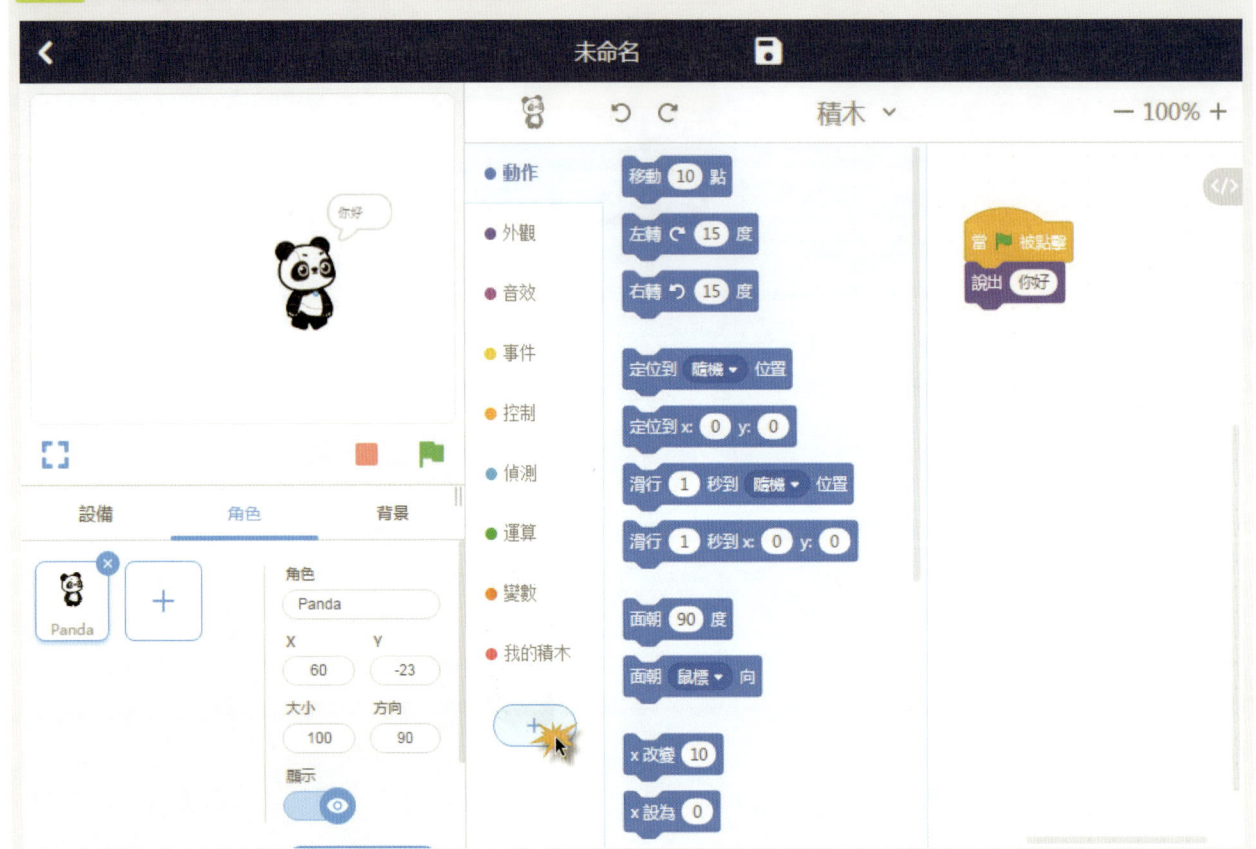

Step 2

在彈出的「擴展中心」頁面，選擇「音樂」功能，點按「+」就可以了。

Step 3

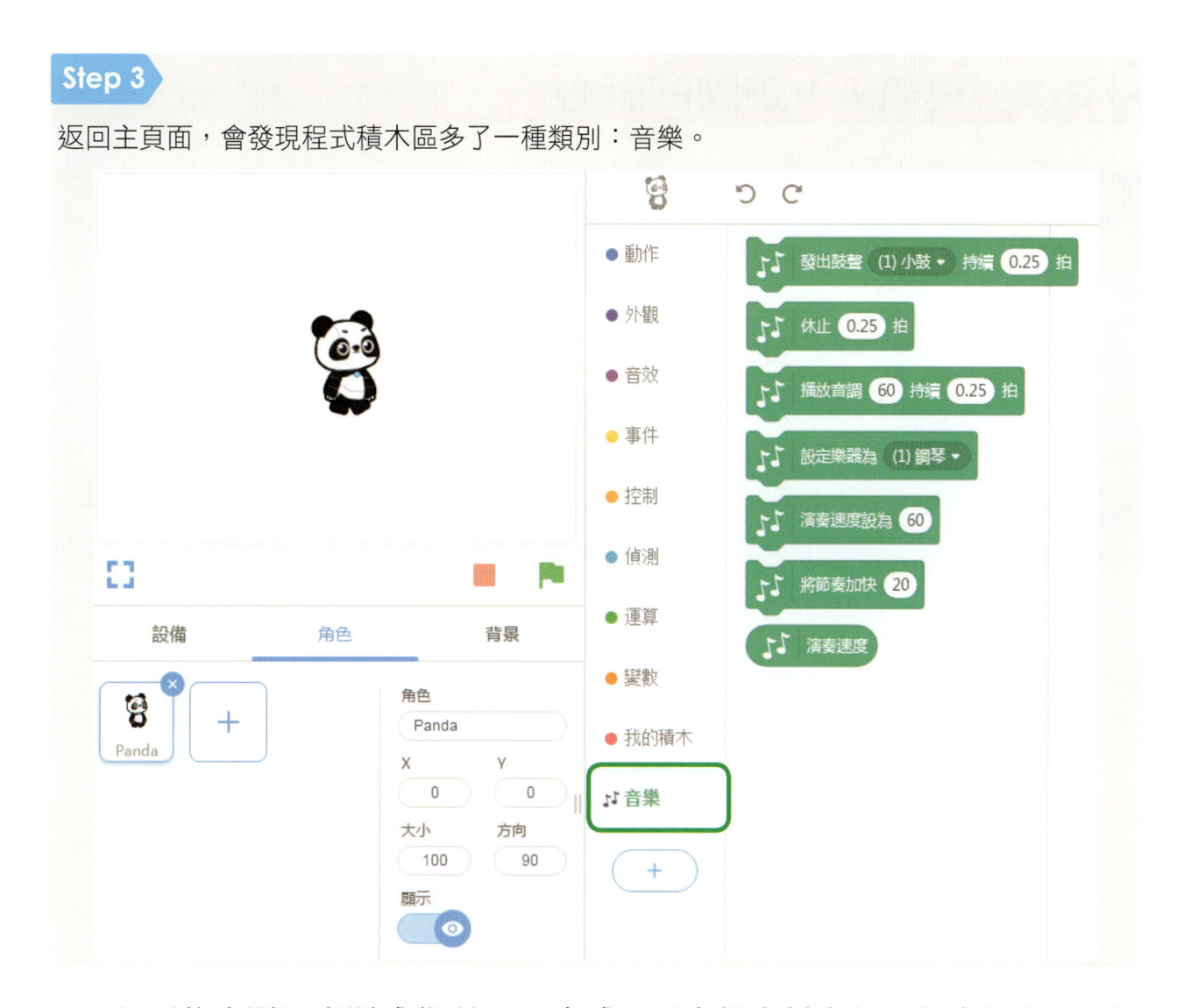

返回主頁面，會發現程式積木區多了一種類別：音樂。

　　以下的專題以專題式學習 PBL 方式，用實例來循序說明程式積木。關於 mBlock 5 beta5.2 的程式積木類別與功能，於本書附錄整理成總表說明。

六 mBlock 5 與神經元的連線互動程式設計

　　mBlock 5 雖然基於 Scratch 3.0 開發，但是設計方向有很大的不同。mBlock 5 強調對硬體的控制，在程式積木上，角色與設備的積木是不能混用的。因此，要讓神經元與 mBlock 5 連線互動，除了使用「控制」類別積木，例如綠旗、按下空白鍵、廣播功能等之外，變數還有清單（Array）是最重要的，這與真正程式設計的結構是相同的，全域變數可以成為角色與設備之間互相的連接。以下用實作專題來引導與學習 mBlock 5 與神經元的連線互動。

3-3 專題 8：跳動的紅心

Step 1
連接神經元 LED 面板模組，點選神經元 設備 。

Step 2
設備 ：將「當綠旗被點按」積木塊拖到程式區。

Step 3
增加外觀積木，選擇外觀積木中 LED 面板的相關積木，組成程式。

Step 4
1. 點按「綠旗」運行。
2. LED 面板模組會顯示一顆跳動的紅心。
3. 然後熄滅。

Step 5
在積木上按右鍵複製，貼上。中間及最後再加一個等待1秒間隔。

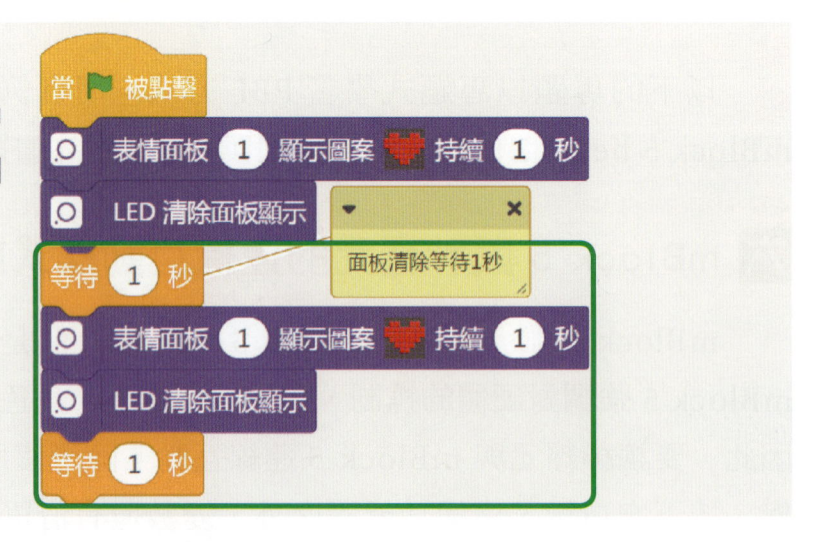

面板清除等待1秒

Step 6

1. 點按「綠旗」運行。
2. LED 面板模組會顯示一顆跳動的紅心。
3. 然後熄滅。
4. 再執行一次共執行二次，每個畫面間隔 1 秒鐘。

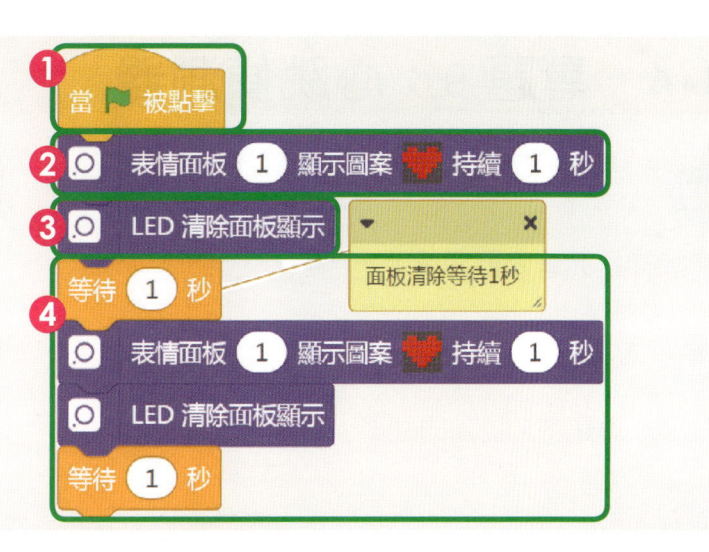

Step 7

在控制類別積木增加一個「重複無限次」，如圖組合。

Step 8

1. 點按「綠旗」運行。
2. LED 面板模組會顯示一顆跳動的紅心。
3. 然後熄滅。
4. 不斷重複執行，要停止須按舞台的紅色方塊停止。

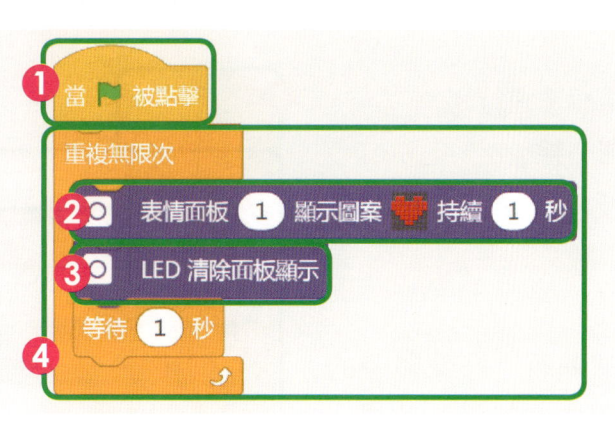

Step 9

儲存專案。

　　以上介紹了基本的程式控制流程，與重複迴圈的程式結構。

3-4　專題 9：心跳偵測器

Step 1
硬體增加神經元蜂鳴器模組。

Step 2
請開啟 3-3 專題 8：跳動的紅心。

Step 3
設備：在控制類別積木增加一個「蜂鳴器 1 播放音調 C7」，修改持續 0.1 拍。

Step 4
紅心圖案持續 0.5 秒，清除 LED 面板等待 0.4 秒，如圖組合。

Step 5
1. 點按「綠旗」運行。
2. 蜂鳴器嗶一聲。
3. LED 面板模組會顯示一顆跳動的紅心。
4. 然後熄滅。
5. 不斷重複執行，好像醫院的心跳偵測儀器的聲光效果。要停止須按舞台的紅色方塊停止。

　　此專題了解學習「蜂鳴器的持續 0.1 拍」（秒），「LED 面板持續 0.5 秒」，加上「等待 0.4 秒」，都會讓程式延遲。

3-5　專題 10：震動偵測器

　　震動偵測器這個程式，開始讓螢幕與神經元能同時運作；藉著變數的設置，讓設備與角色能同時接收訊息。

Step 1

硬體再增加神經元陀螺儀模組。

Step 2

請開啟 3-4 專題 9：心跳偵測器。

Step 3

角色：點按「+」，增加一個神經元的漫畫角色 C-neuron-1，它有五個造型，請刪除剩下二個造型。

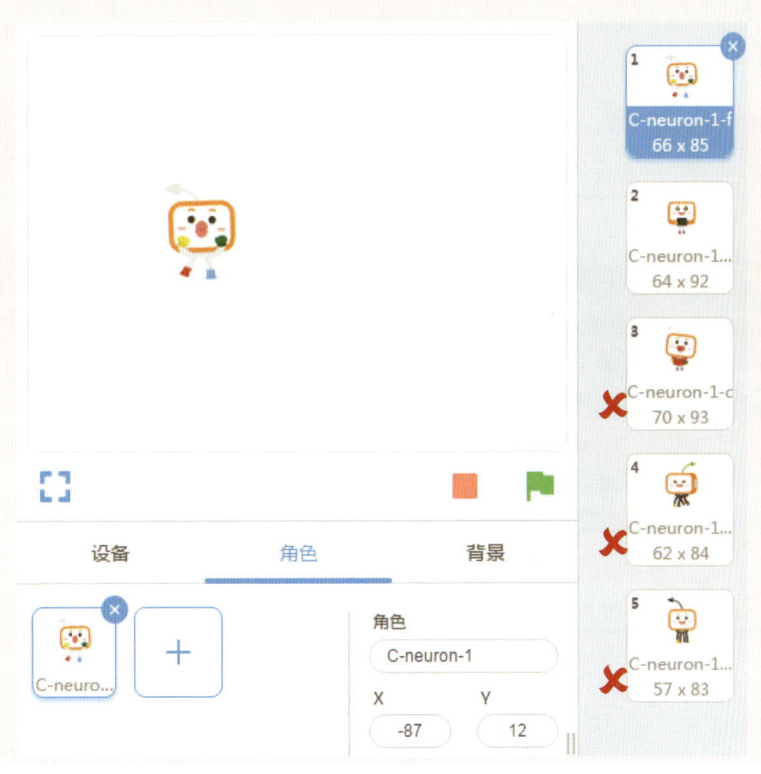

Step 4

建立變數 shake。

Step 5

編寫 角色 C-neuron 以下程式，綠色是運算類別的數學積木。

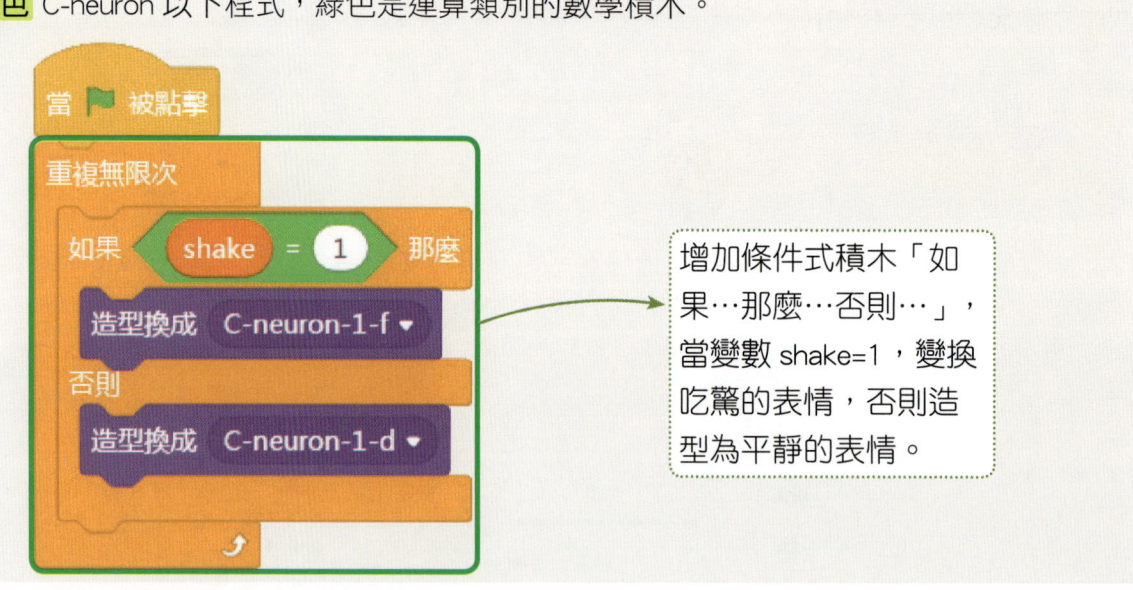

> 增加條件式積木「如果…那麼…否則…」，當變數 shake=1，變換吃驚的表情，否則造型為平靜的表情。

Step 6

切換到 設備 神經元，拖曳偵測類別積木，「當陀螺儀感測到搖晃」，編寫以下程式。

> 條件式積木「如果當陀螺儀感測到搖晃」，變數 shake=1，LED 面板顯示愛心，否則 shake=0，LED 面板清除

Step 7

1. 點按「綠旗」運行。
2. 當敲擊陀螺儀模組一下。
3. 蜂鳴器嗶一聲。
4. LED 面板模組會顯示一顆跳動的紅心，舞台上的角色忽然變臉，然後恢復。
5. LED 面板清除。

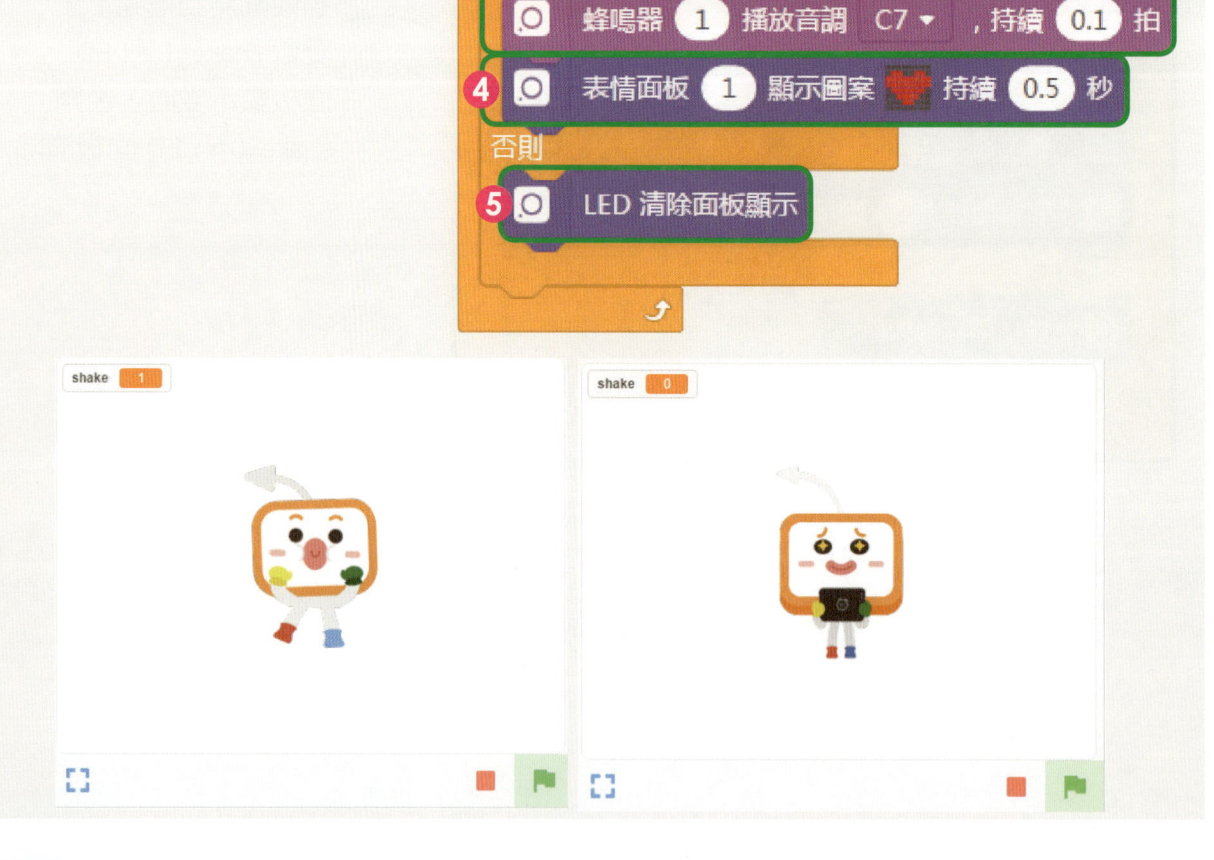

Step 8

另存新檔，震動偵測器。

此專題介紹了透過變數 shake 的變化，讓角色與設備神經元能夠同步互動的控制方式。

3-6　專題 11：神經元報數

在本專題中，將使用變數來使神經元 C-neuron 感知陀螺儀的震動次數。

Step 1

請開啟 3-5 專題 10：震動偵測器。

Step 2

在 設備 神經元的積木變數類別下，點按「新建變數」，新建一個名叫「震動次數」的變數。

Step 3

保留 角色 C-neuron 程式。

Step 4

修改 設備 程式，在重複迴圈前增加 shake 設為 0，震動次數設為 0，這是讓執行時先將變數歸零。

Step 5

點按「綠旗」運行，當敲擊陀螺儀模組一下，卻發現震動次數不只增加一次，有時增加了六次，程式結果並不正確！這是因為電腦運算速度超快，敲一下陀螺儀模組，它剩餘的震動都被偵測到並且計次了。

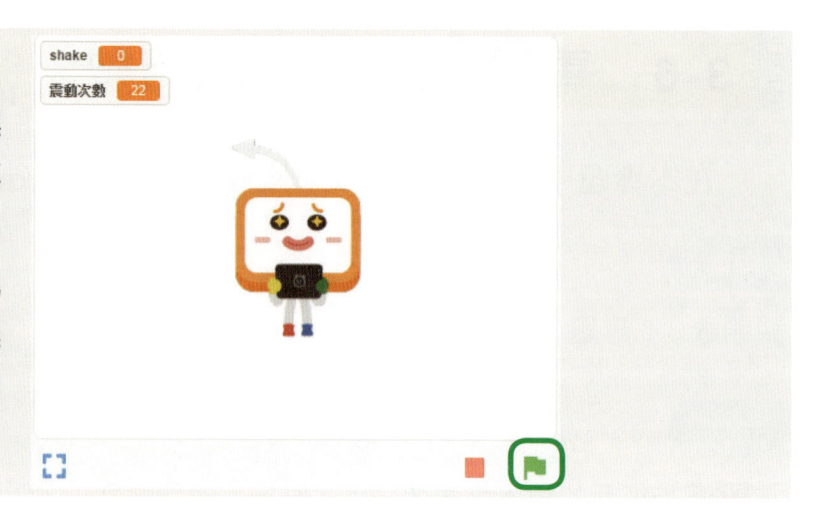

Step 6

修改 設備 程式，增加「等待直到陀螺儀感到搖晃？=0」

Step 7

再次點按「綠旗」運行，當敲擊陀螺儀模組一下，會發現震動次數增加 1，程式正確了！

「等待直到陀螺儀感到搖晃？=0」，讓程式等待於此，直到確認陀螺儀模組狀態沒有震動後，程式再重複執行偵測。

3-7 專題 12：Funny Touch 演奏樂器

這是原廠的範例程式，使用廣播的功能可以讓神經元與舞台角色通訊，完成神經元與舞台角色互動。

Step 1

新增專案，在 設備 神經元「事件」類別，建立新訊息。

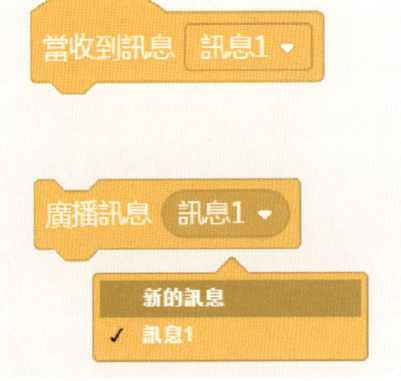

Step 2

在 設備 神經元編輯程式。讓 Funny Touch 藍色鱷魚夾與地線導通時發送廣播「blue」。同理建立「yellow」、「red」、「green」等三個廣播訊息，讓它們在對應顏色的鱷魚夾與地線導通時發送對應廣播。

Step 3

切換到 角色 ，增加角色，從角色庫增加角色 max，並刪除原來的 Panda。

Step 4

背景 ：改變舞台，從背景庫增加舞台造型，並複製成三個背景造型，修改舞台燈光顏色等。

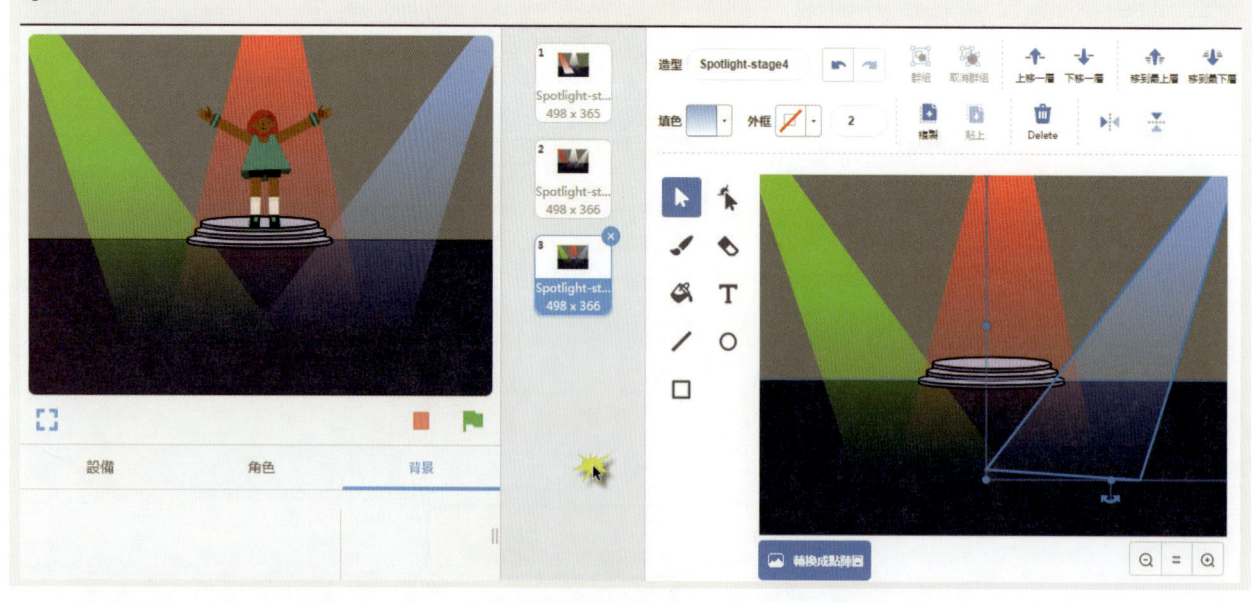

Step 5

在積木區點按「+」，從擴展中心增加「音樂」擴展。

Step 6

任意挑選喜歡的聲音作為輸出結果，配合收到的訊息，同時改變角色造型。

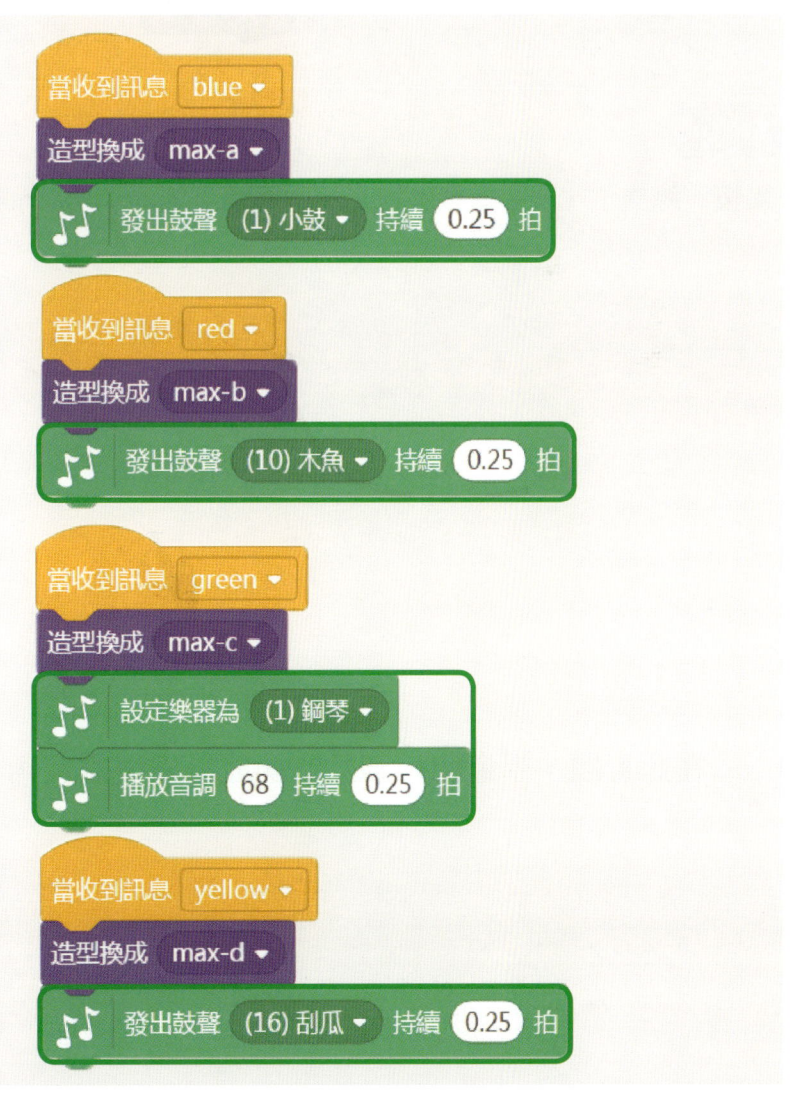

- 當收到訊息 blue
  - 造型換成 max-a
  - 發出鼓聲 (1) 小鼓 持續 0.25 拍

- 當收到訊息 red
  - 造型換成 max-b
  - 發出鼓聲 (10) 木魚 持續 0.25 拍

- 當收到訊息 green
  - 造型換成 max-c
  - 設定樂器為 (1) 鋼琴
  - 播放音調 68 持續 0.25 拍

- 當收到訊息 yellow
  - 造型換成 max-d
  - 發出鼓聲 (16) 刮瓜 持續 0.25 拍

Step 7

背景也設計程式,讓舞台背景隨著 Funny Touch 觸碰開關啟動廣播的不同訊息而改變。

當收到訊息 green
下一個背景

當收到訊息 yellow
下一個背景

當收到訊息 red
下一個背景

當收到訊息 blue
下一個背景

Step 8

點按「綠旗」,一手握接地線,一手隨意按 Funny Touch 觸碰開關,看一下具體效果吧!

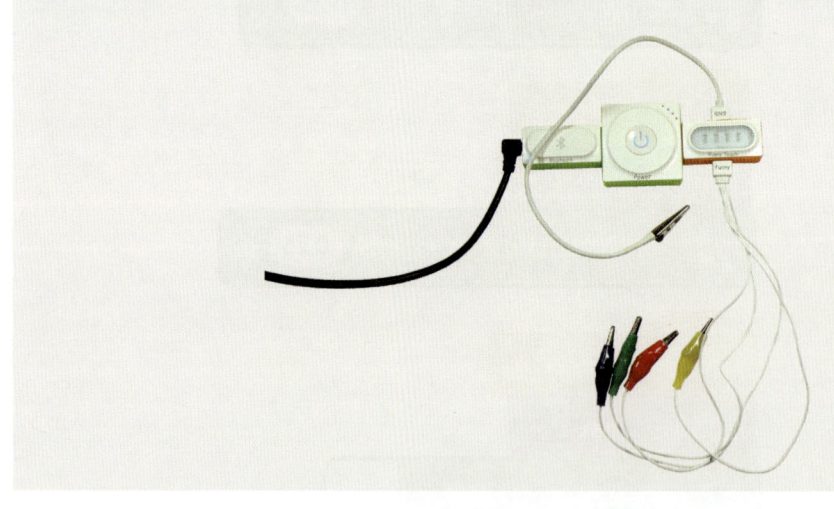

在此專題,學會使用廣播的功能設備與舞台角色通訊與互動。

Chapter 3　實作題

・創客指標・

外形 (專業)	機構	電控	程式	通訊	人工 智慧	創客總數
0	0	1	2	1	0	4

創客題目編號：A022003

🎵 題目名稱

用 Neuron 神經元，設計街舞大賽

🎵 題目說明

請整合 3-3 專題 8：跳動的紅心與 3-7 專題 12：Funny Touch 演奏樂器，使用神經元硬體與 mBlock 5 設計一個街舞大賽的舞台表演。目標要求：

1. 每個碰觸開關啟動一個舞者變化動作與音樂表演。（請從角色庫中挑選四個人物或動物造型）
2. 每個碰觸開關啟動 LED 面板四個不同顏色的愛心跳動，例如綠色開關啟動綠色愛心閃爍。

Chapter 4 使用神經元 Neuron 與 mBlock 5 做創意專題

神經元 Neuron 智造家套件提供了二個感測器模組輸入,以及蜂鳴器(聲音)、LED 面板(光)、伺服馬達(擺動)等基本輸入輸出控制,本章將應用這些基本模組,並增加一些不同素材,配合 mBlock 5 的圖控程式互動來製作一些不同的創意專題作品。

4-1　製作創意專題共用底座

　　以下有三個創意專題，將應用神經元伺服馬達模組，做出動態的作品。因此筆者設計一個共用的底座，使用雷射切割 3mm 椴木板來組合完成（檔案：底座 .dxf）。

線稿　　　　　零件圖 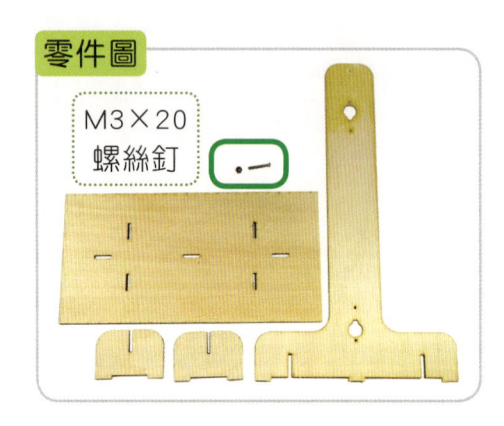　　M3×20 螺絲釘　　　完成圖　　M3×20 螺絲釘

　　底座組裝完成圖，伺服馬達可以裝在上下兩處位置，M3×20mm 螺釘也可以配合專題隨時拆裝。讀者可進一步為底座繼續增加色彩與造型，發揮 STEAM 創意專題的精神。範例如下：

Step 1
底座兩面依主題分別塗上不同色彩。

Step 2
貼上紙卡，這面是大樹造型。

Step 3
另一面是白雲造型。

4-2　專題 13：電流急急棒

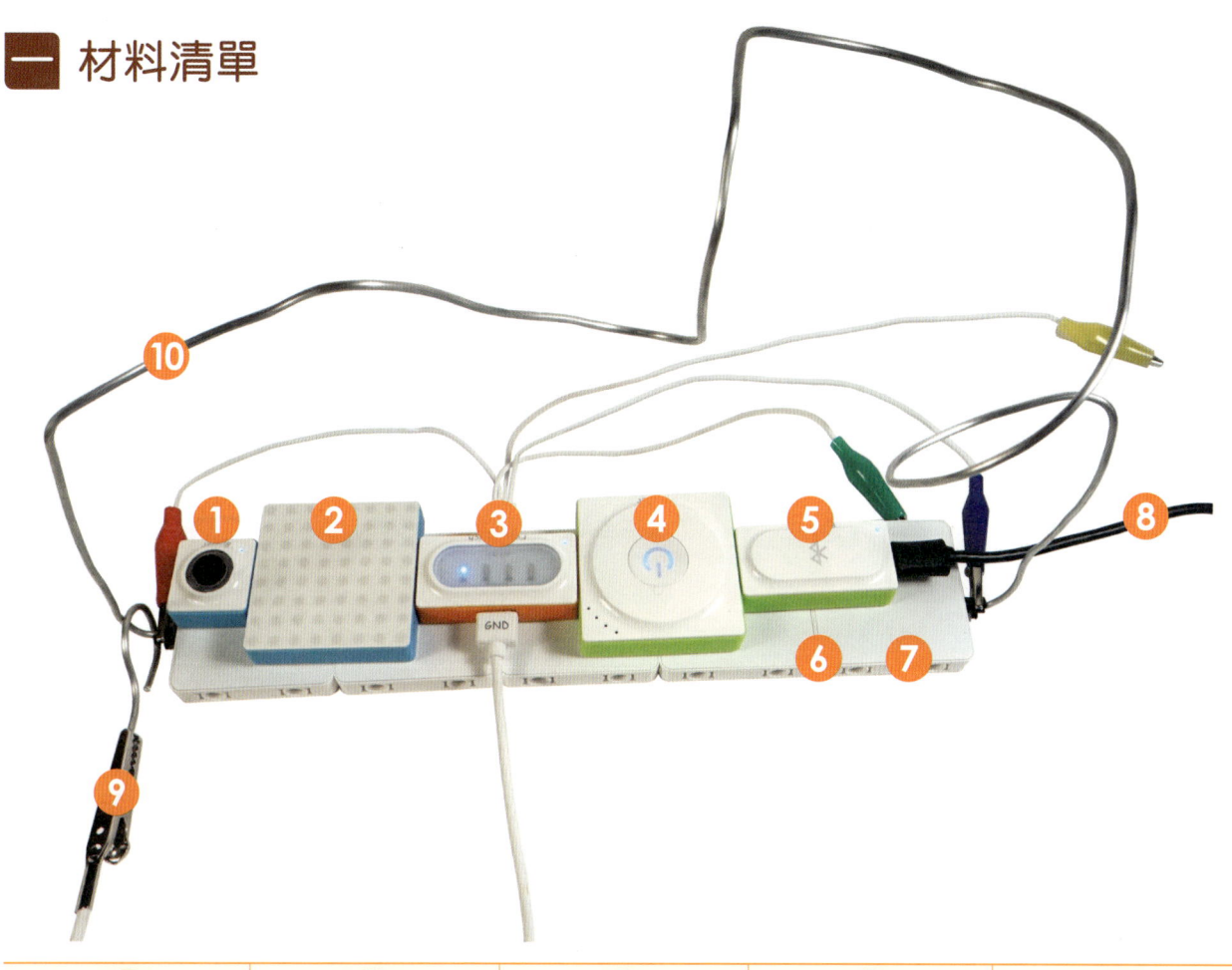

一　材料清單

❶	❷	❸	❹	❺
蜂鳴器模組 ×1	LED 面板 ×1	觸碰開關模組 ×1	電源供應模組 ×1	藍牙模組 ×1

❻	❼	❽	❾	❿
積木結合鍵 ×10	積木底座 ×5	Micro USB 電纜 ×1	觸碰開關線，Gnd 線 ×1	2mm 鋁線 約 90cm 長

Chapter 4　使用神經元 Neuron 與 mBlock 5 做創意專題

組裝過程

Step 1

5 塊積木底座，使用結合鍵連接。

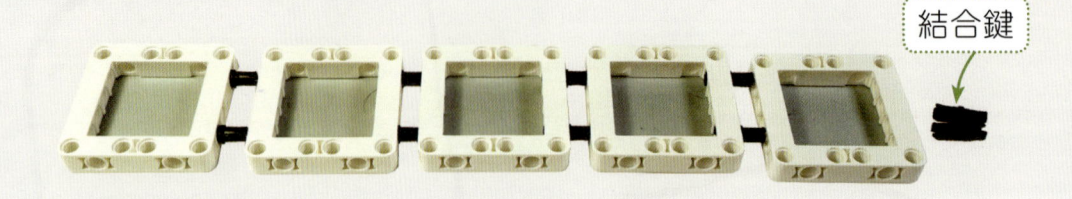

結合鍵

Step 2

另 2 顆結合鍵，接在左右兩端。

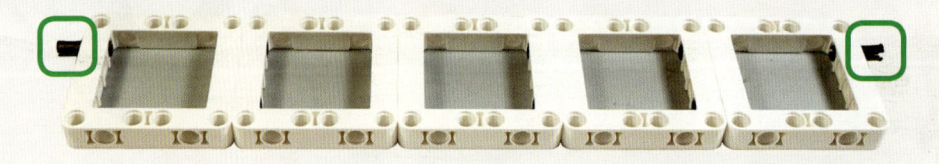

Step 3

鋁線剪下一截，作為鉤環，其他依任意造型，除了上下彎曲，也可以前後彎曲，自行調整，可以變化難度。

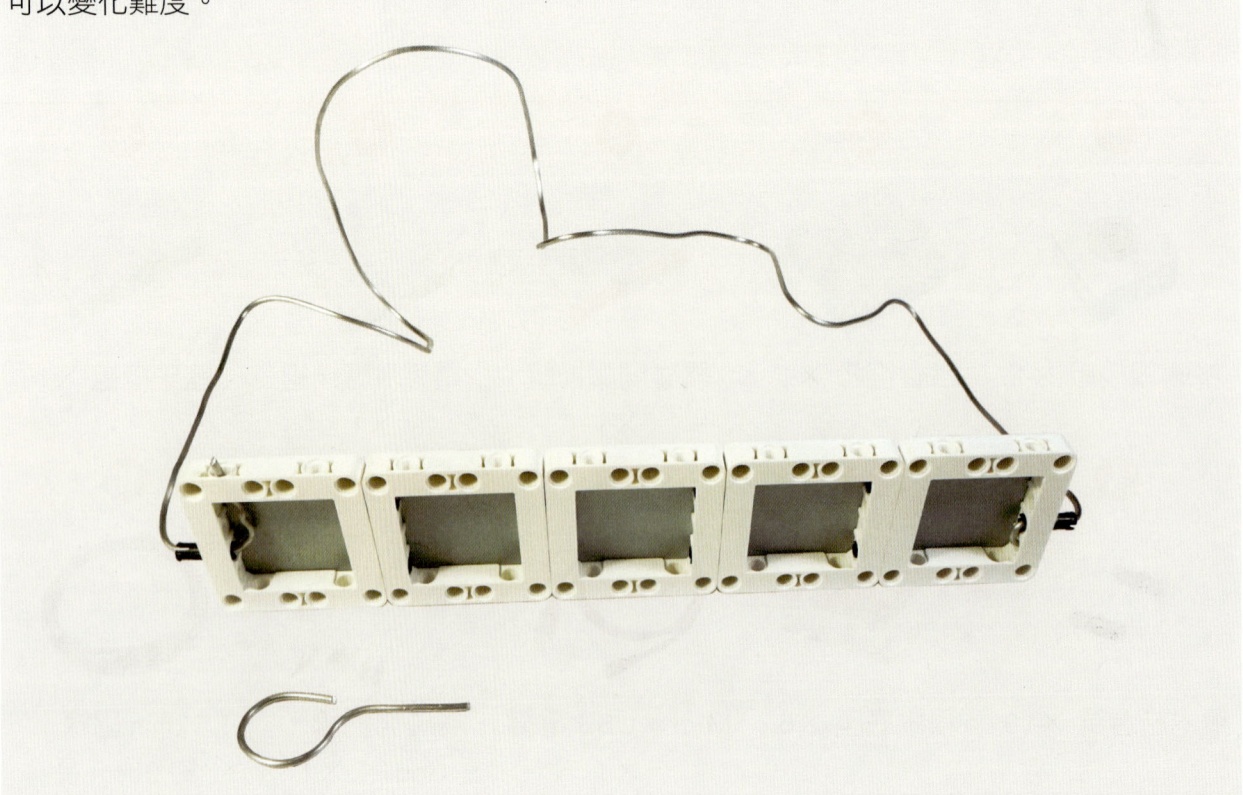

Step 4

將神經元模組吸附在底座上。

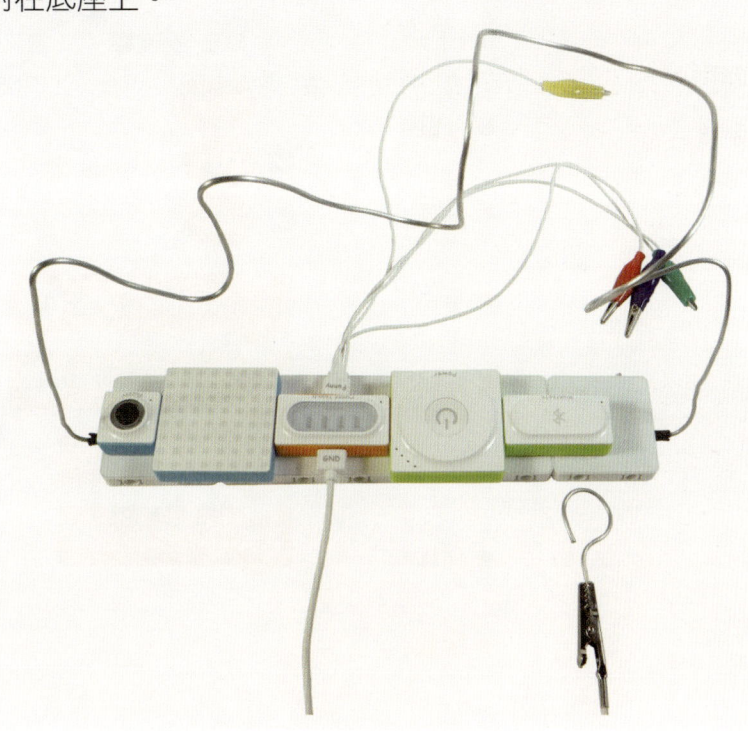

Step 5

接觸碰線：

① 紅色鱷魚夾，夾在左側的結合鍵上，不可接觸鋁線，當作起點訊號線。
② 藍色鱷魚夾，夾在右側的結合鍵上，不可接觸鋁線，當作終點訊號線。
③ 綠色鱷魚夾，夾在後方的鋁線，當作電擊訊號線。
④ 完成組裝。

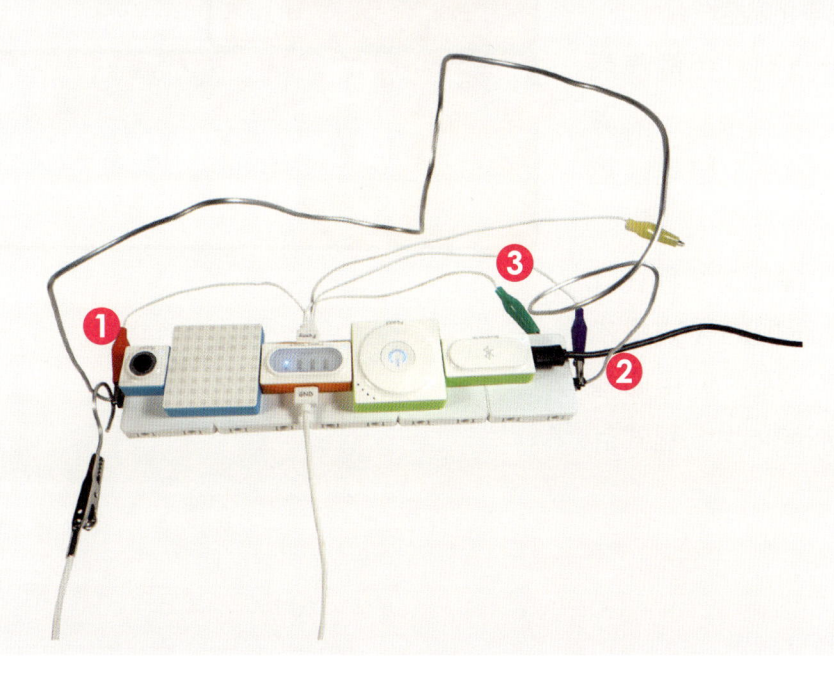

三 程式設計

Step 1

設置三個變數「STOP」、「計時」、「電擊」。

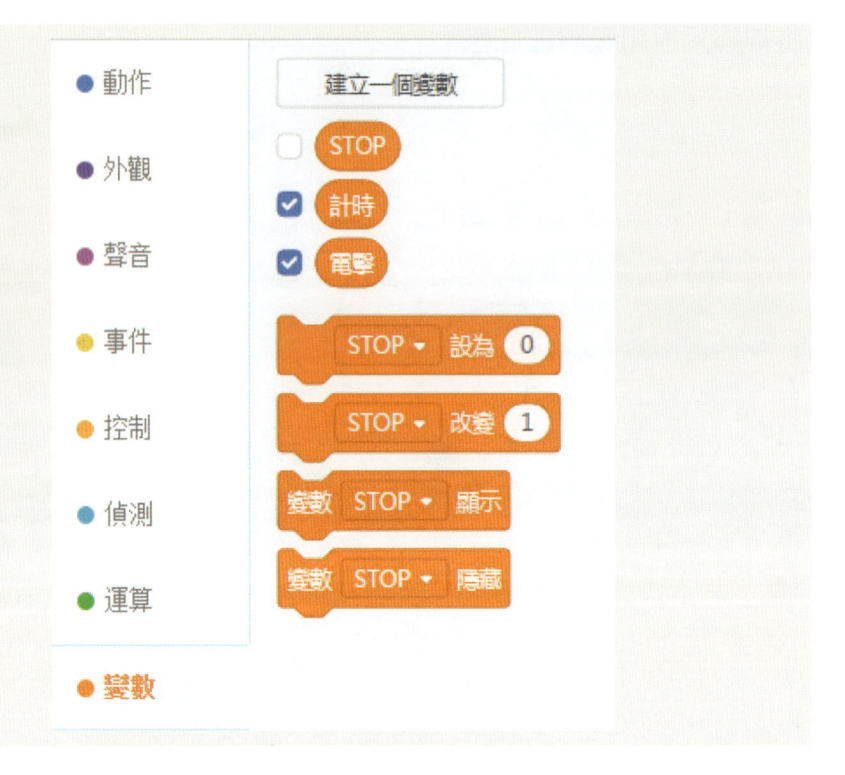

Step 2

❶ 在 設備 程式拖曳「當綠旗被點一下」。

❷ 將變數 STOP 設為 0，變數電擊設為 0，變數計時設為 0，這是初始歸零的設計。

❸ 程式會等待直到紅色觸摸開關為「1」，蜂鳴器嗶一聲廣播「開始」訊息，這是很重要的程序。

❹ 我們要啟動 mBlock 5 程式計時器，因為設備的程式積木沒有計時器，因此利用廣播給角色啟動 mBlock 5 程式計時器。

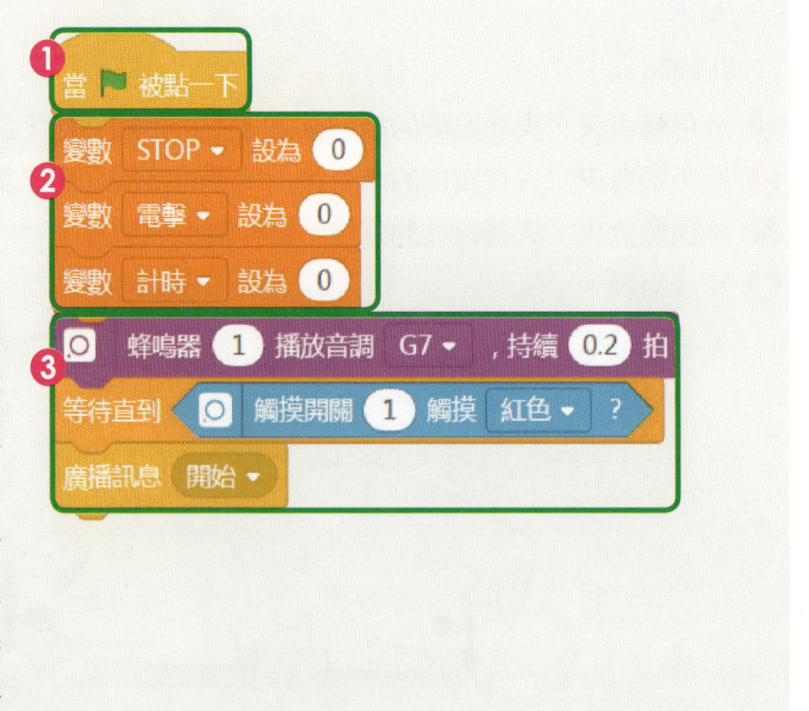

Step 3

❶ 切換到 角色 程式。
❷ 當收到「開始」訊息，計時器重置。
❸ 一直到收到「STOP=1」之前，不斷將計時器數值傳給變數計時。
❹ 最後收到「STOP=1」，角色貓熊說出「時間＝計時值」。

Step 4

❶ 切換到 設備 繼續程式編輯。
❷ 重複條件到藍色觸摸開關被觸碰前，不斷重複。
❸ 接下來是專案程式的重點，當綠色觸摸開關觸碰到，蜂鳴器嗶一聲，表情出現愛心被射的符號，時間都設很短，避免程式卡在時間上。
❹ 另外地線觸碰鋁線後如果沒有離開，一般會不斷計電擊次數；因此程式特別設計，等待綠色觸摸開關不成立（確定地線鉤環離開鋁線路徑），計算電擊一次，之後要離開鋁線，程式才繼續往下執行，不會重複記數，並再繼續感測。
❺ 而計時器屬於 角色 程式仍然繼續計時，不影響時間計算。

Step 5

① 繼續 設備 程式編輯，當藍色觸摸開關被觸碰，STOP 設為 1，讓 角色 的計時器停止，並說出計時值。

② 設備 蜂鳴器嗶 3 聲結束。

Step 6

神經元 設備 完整的程式。

Step 7

① 點按「綠旗」執行,要手持地線鉤環觸碰到紅色鱷魚夾才啟動計時與偵測。

② 移動路徑中當觸碰到鋁線,會發出警報聲,計電擊一次,一直到地線鉤環觸碰藍色鱷魚夾停止計時,統計時間與電擊次數,做為競賽的評比。

Step 8

儲存專題。

　　此專題已經使用廣播與變數讓神經元設備與角色互動,並且啟動計時器計時。程式控制的流程邏輯已經相當中級以上程度,可再次實作。這個專案僅需要準備鋁線(原色,不要發色的鋁線,有氧化表層不導電),請與團隊一起來完成它!

4-3　專題 14：模擬飛行

一　雷切圖檔

檔名：飛機.dxf

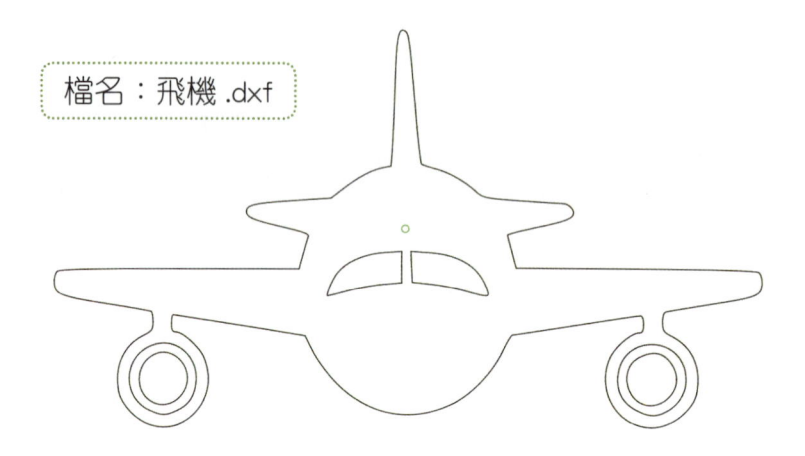

二　材料清單

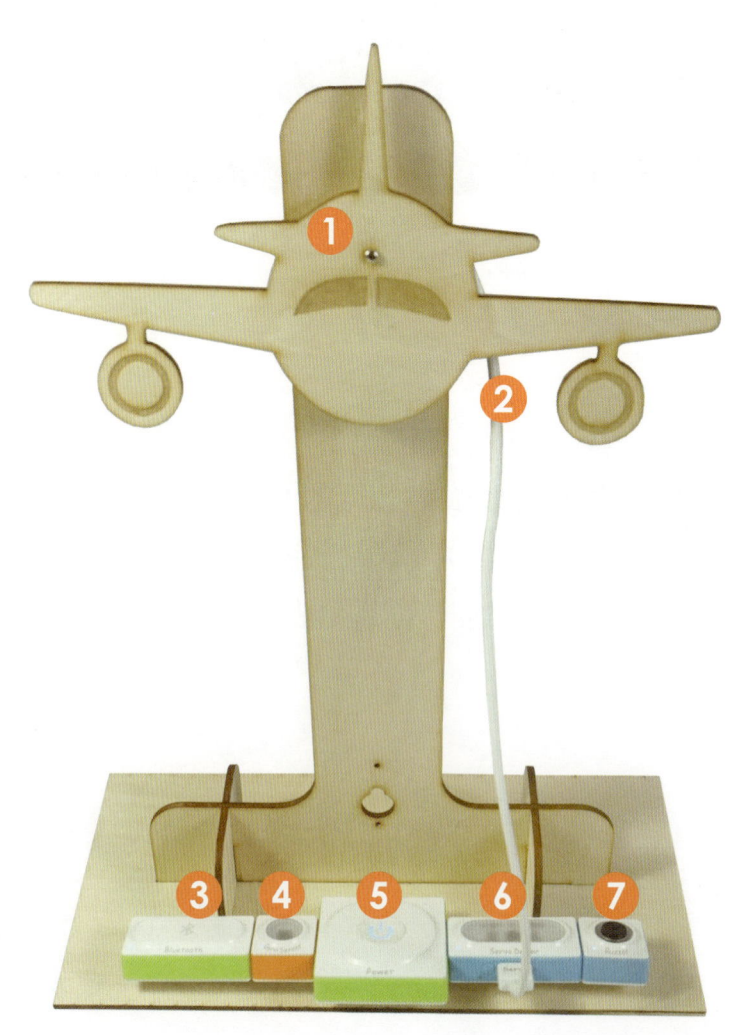

①	②	③	④	⑤
尖尾螺釘 M2×5 ×1	伺服馬達 ×1	藍牙模組 ×1	陀螺儀模組 ×1	電源供應模組 ×1
⑥	⑦	⑧	⑨	⑩
伺服馬達模組 ×1	蜂鳴器模組 ×1	積木結合鍵 ×6（視情況使用）	積木底座 ×4（視情況使用）	Micro USB電纜 ×1（視情況使用）

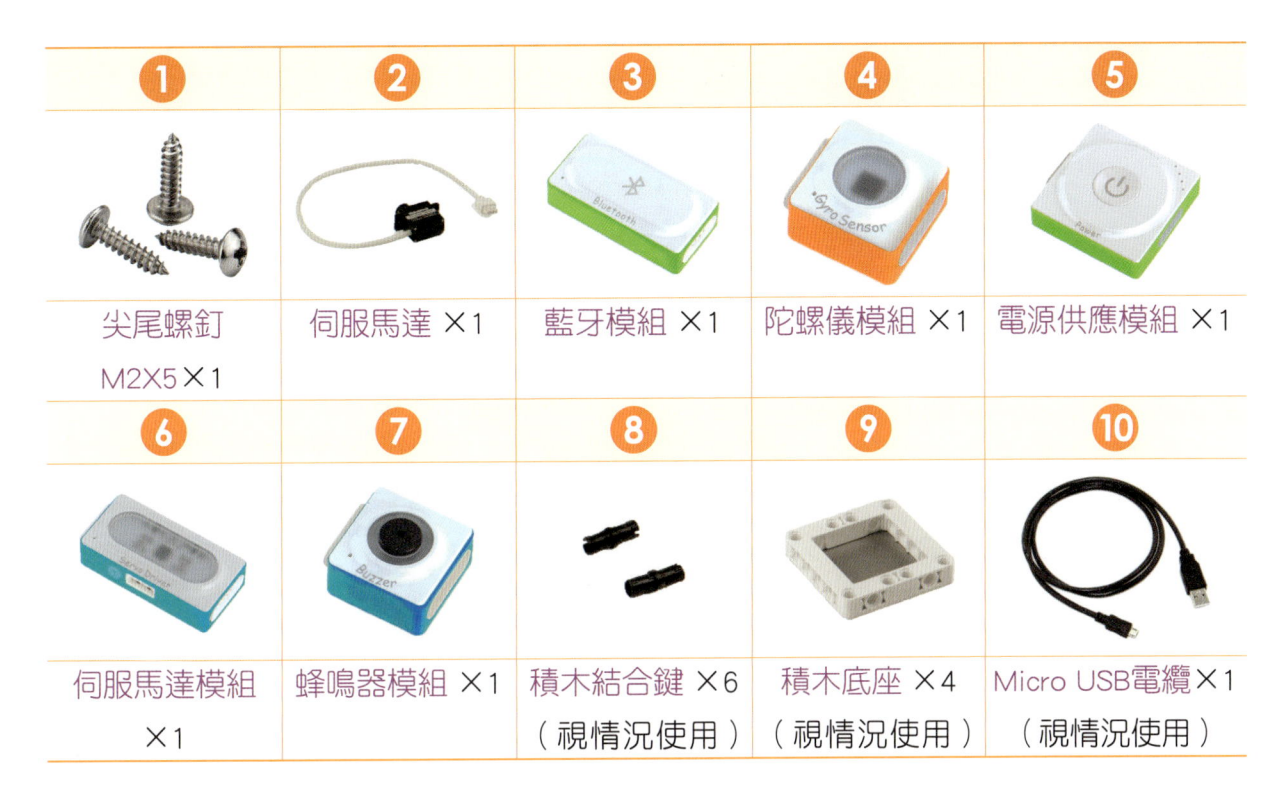

組裝過程

Step 1

將伺服馬達驅動臂，用 2mm 螺絲鎖在背面；伺服馬達裝在底座上方組裝孔位。

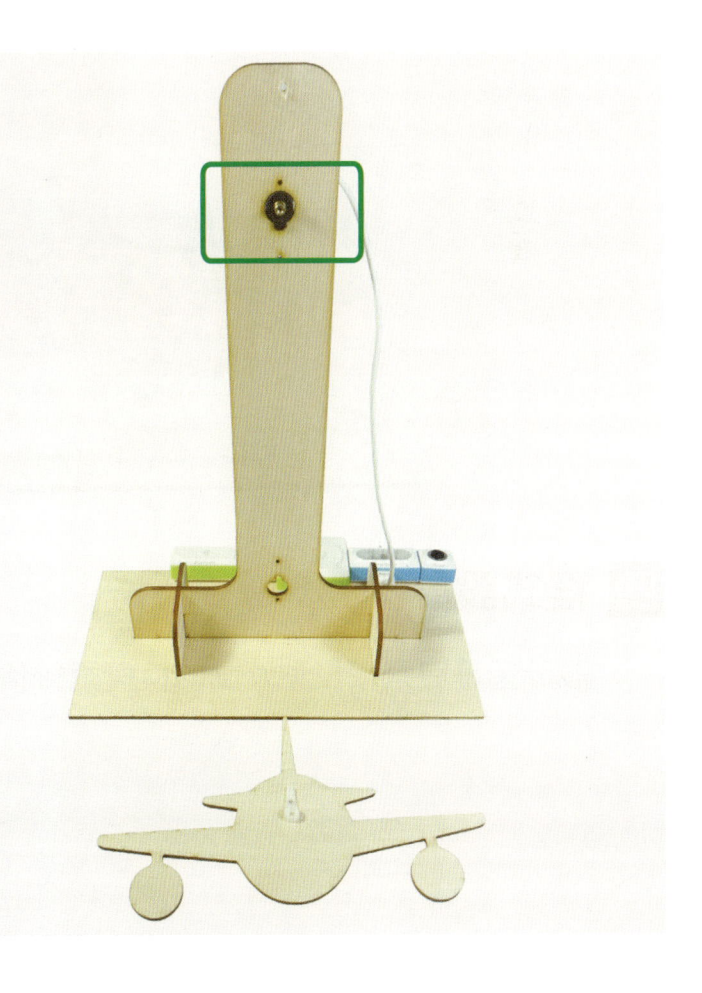

Step 2

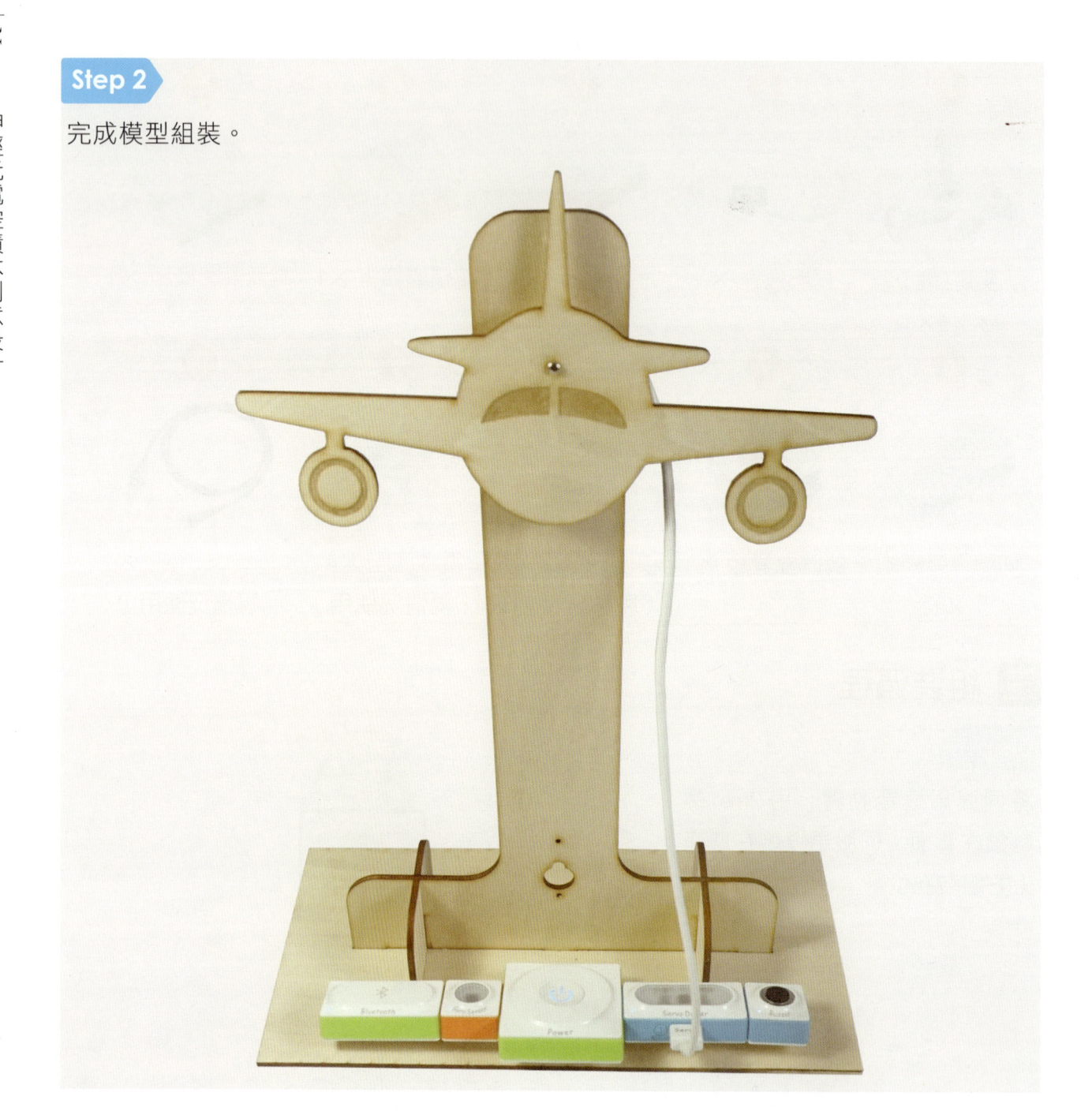

完成模型組裝。

四 程式設計

設計螢幕與飛機模型互動的模擬飛行情境。

Step 1

背景：將背景上色為水藍色，作為藍天。

Step 2

角色：增加飛機，從 Google 關鍵字搜尋「airplane gif png」，找適合去背的圖片，下載備用，新增造型引入喜歡的飛機圖片，使用 mBlock 5 圖片編修慢慢去背，一定要去背完成。

選擇透明的橡皮擦

Step 3

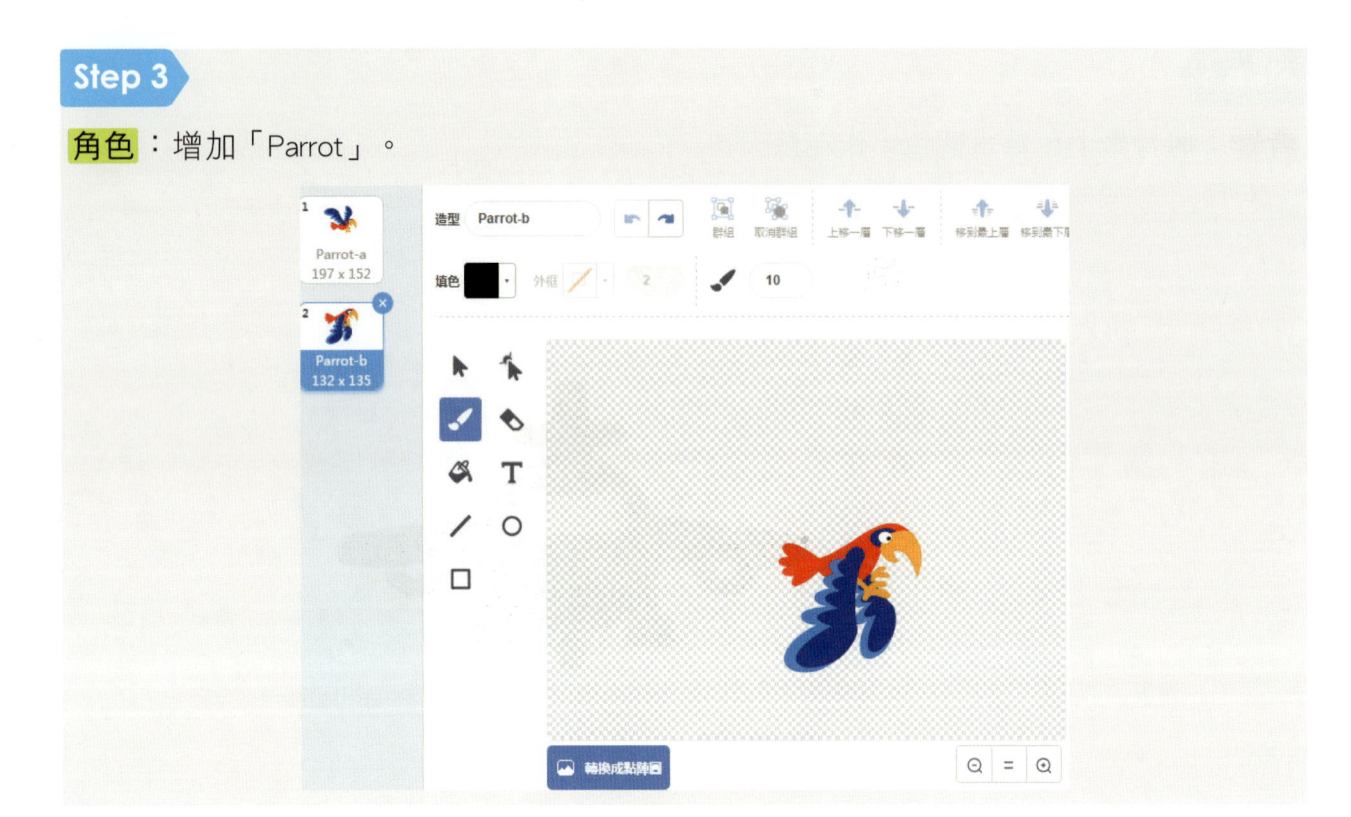

角色：增加「Parrot」。

Step 4

角色：增加「cloud」，使用繪圖功能自行繪製，刪除熊貓角色。

使用數個橢圓
畫出白雲造型

Step 5

角色：編輯飛機程式，圖層在最上層，設置變數「angle」，編寫程式讓飛機隨著變數「angle」改變角度。

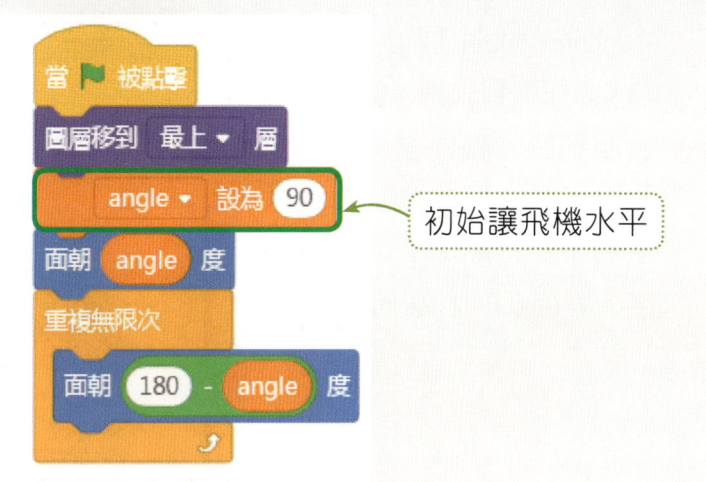

> 初始讓飛機水平

Step 6

角色：編輯鸚鵡程式，讓鸚鵡左右飛來飛去，碰到邊緣就反彈。

Step 7

角色：編寫白雲程式，讓白雲在左邊隨機位置出現，碰到邊緣慢慢消失。

Step 8

1. 設備：編輯程式。
2. 偵測到陀螺儀向右傾斜，變數「angle= angle-1」，最小值為 0，舵機轉動到 angle 度。
3. 偵測到陀螺儀向左傾斜，變數「angle= angle+1」，最大值為 180，舵機轉動到 angle 度，等待 0.01 秒緩衝用。

Step 9

儲存專題：模擬飛行 -1。

點按綠旗執行，先調整模型角度，這時應為水平角度，取下飛機模型，重新組裝成水平姿勢。當手持神經元模組向右傾斜，飛機模型會向右傾斜，而螢幕上的飛機也會向右傾斜。同樣，當手持神經元模組向左傾斜，飛機模型會向左傾斜。而螢幕上的飛機也會向左傾斜；白雲與鸚鵡自由飛翔。

五 應用：模擬飛行－陀螺儀滾轉與俯仰

　　充分應用陀螺儀功能，直接引用陀螺儀滾轉角與俯仰角，控制螢幕上的飛機能做出上下與左右滾轉的動作，但是模型只有一個伺服馬達，只能做水平滾轉。

　　材料與模型沿用專題 4-3 模擬飛行模型，程式設計如下：

Step 1
開啟專題：模擬飛行 -1。

Step 2
增加變數「UP_DOWN」。

Step 3

① 設備：編輯程式。

② 將變數「angle」設為「90+ 陀螺儀的俯仰角」，舵機轉動到 angle 度；將變數「UP_DOWN」設為「陀螺儀的滾轉角」，伺服馬達仍然依照變數「angle」轉動。

③ 蜂鳴器的音頻設為「700+(2*) 陀螺儀的俯仰角」，會隨著飛機高度改變音頻。

Step 4

角色：編輯飛機程式，左右面朝變數「angle」，上下的 Y 軸 =52+2.5* 變數「UP_DOWN」，這需要實際測試來調整。

Step 5

角色：鸚鵡刪除，複製 cloud 角色，程式也做修改，從 X 軸看不見的位置出現，Y 軸以隨機數決定。

```
當 ▶ 被點擊
重複無限次
    定位到 x: -350 y: 隨機取數 -150 到 150
    重複直到 x座標 > 350
        圖層移到 最下 層
        顯示
        迴轉方式設為 左-右
        移動 10 點
        等待 0.2 秒
    隱藏
```

Step 6

角色：編輯 Cloud 2 程式，讓此白雲第一次出現時，X 軸不同，移動速度也不同，Y 軸以隨機數決定。這樣可讓背景 2 朵雲有變化。

```
當 ▶ 被點擊
圖層移到 最下 層
迴轉方式設為 左-右
定位到 x: 10 y: 隨機取數 -150 到 150
顯示
重複無限次
    重複直到 x座標 > 320
        移動 8 點
        等待 0.2 秒
    隱藏
    定位到 x: -350 y: 隨機取數 -150 到 150
    顯示
```

Step 7

儲存專案：模擬飛行 - 陀螺儀滾轉與俯仰。

　　點按綠旗執行，會發現螢幕上飛機飛行變得很靈活，隨著神經元模組擺動靈活左右偏轉與上下飛行，並且蜂鳴器音效隨著高度音頻越高。白雲隨機出現與飄浮更加生動；模型飛機雖然仍為單軸擺動，一樣很靈活，這是程式直接偵測與引用陀螺儀滾轉角度與俯仰角度。

提示

陀螺儀模組更新韌體後，滾轉角度與俯仰角度似乎對換了，請以實際模組情況，適當調整程式對應陀螺儀模組的角度。

4-4　專題 15：海盜船

大家共同的記憶：海盜船，模型是以 Inkscape 免費軟體描繪與重繪海盜船圖案，成為雷射切割檔案。

一　雷切圖檔

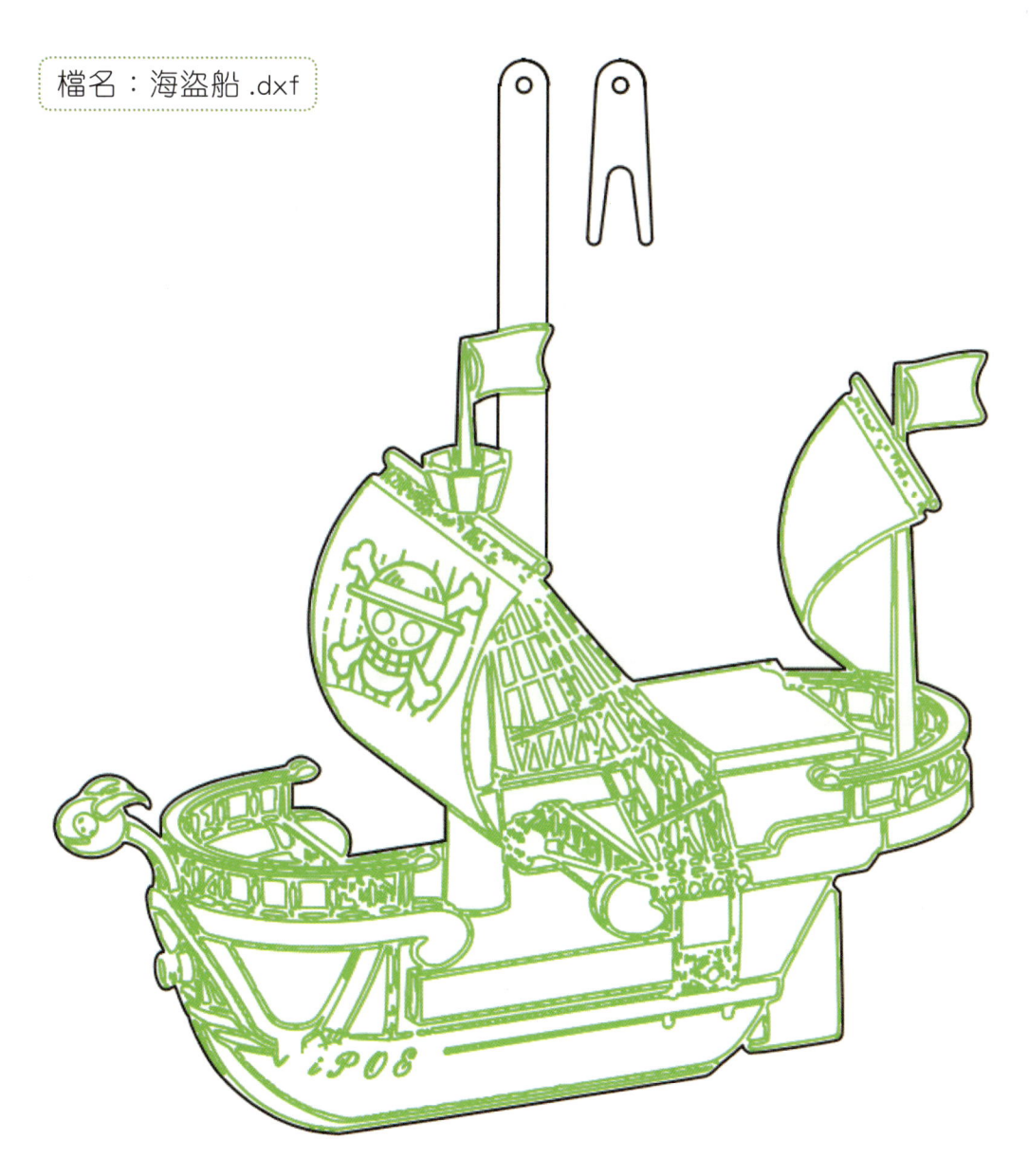

檔名：海盜船.dxf

二 材料清單

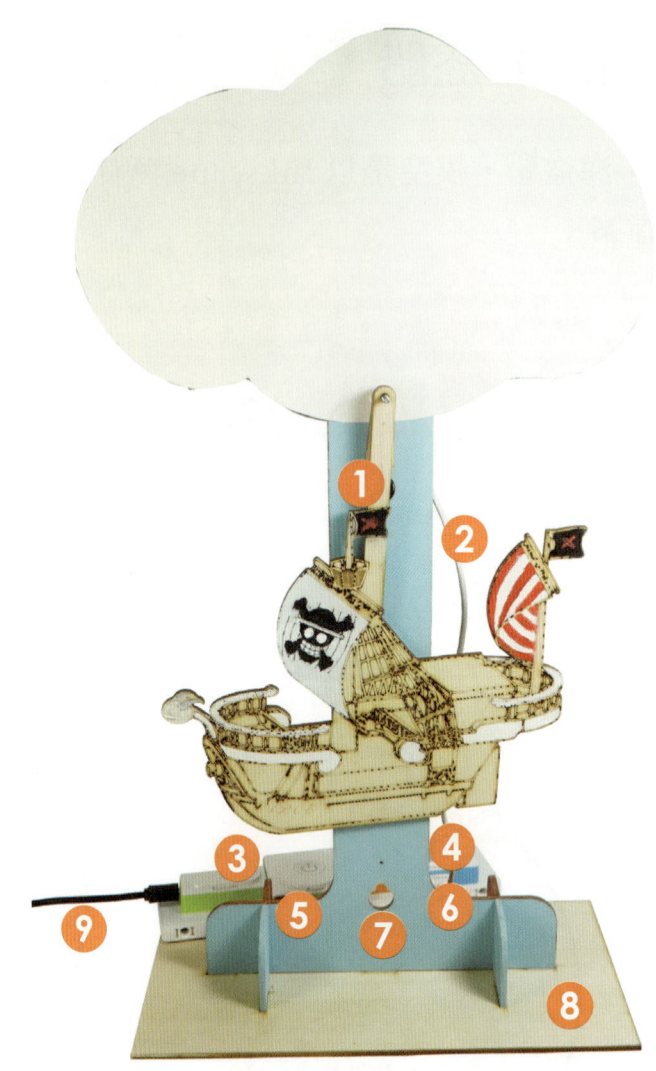

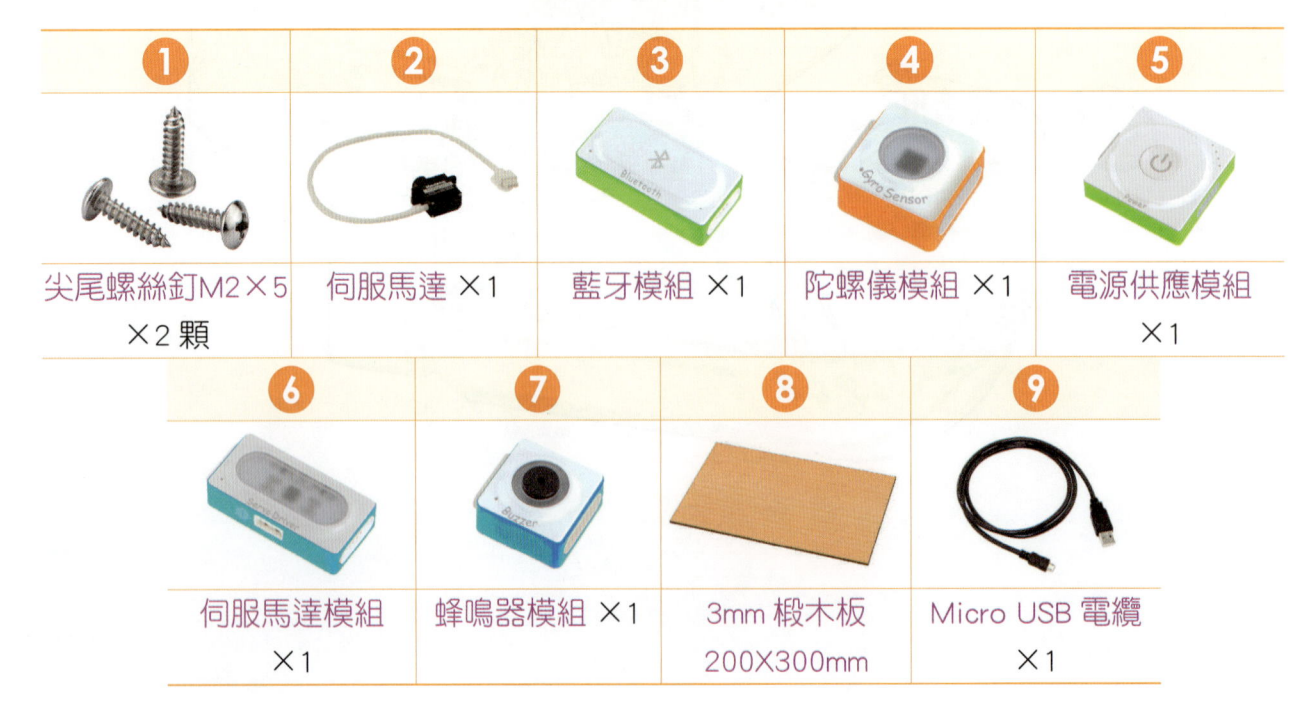

①	②	③	④	⑤
尖尾螺絲釘M2×5 ×2顆	伺服馬達 ×1	藍牙模組 ×1	陀螺儀模組 ×1	電源供應模組 ×1

⑥	⑦	⑧	⑨
伺服馬達模組 ×1	蜂鳴器模組 ×1	3mm 椴木板 200X300mm	Micro USB 電纜 ×1

三 組裝過程

Step 1

將海盜船驅動塊黏貼在軸孔對位上。

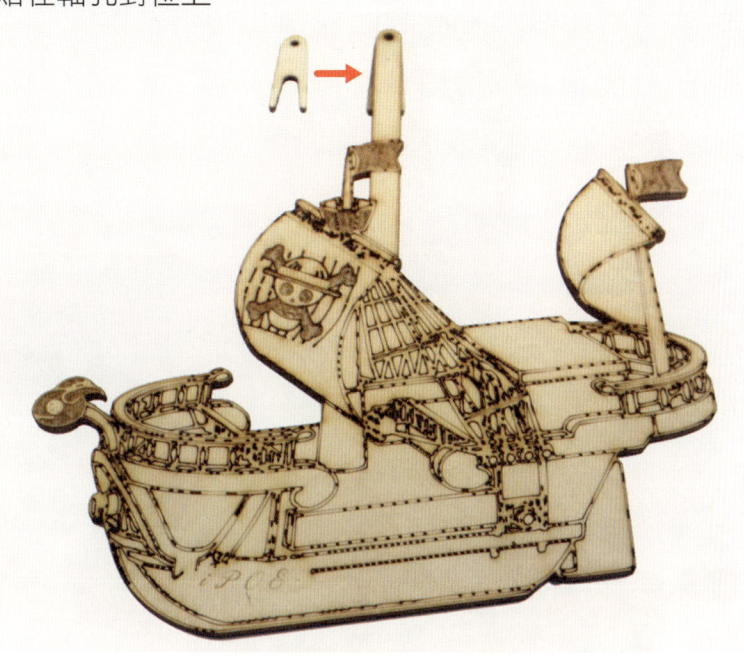

Step 2

將伺服馬達驅動臂裝在伺服馬達心軸上,調整組裝角度,裝上 M3X20mm 螺絲。

Step 3

完成組裝，特點是搖桿是掛在螺絲上，伺服馬達僅撥動海盜船驅動塊。轉動角度加大時，驅動塊脫離形成自由搖晃。

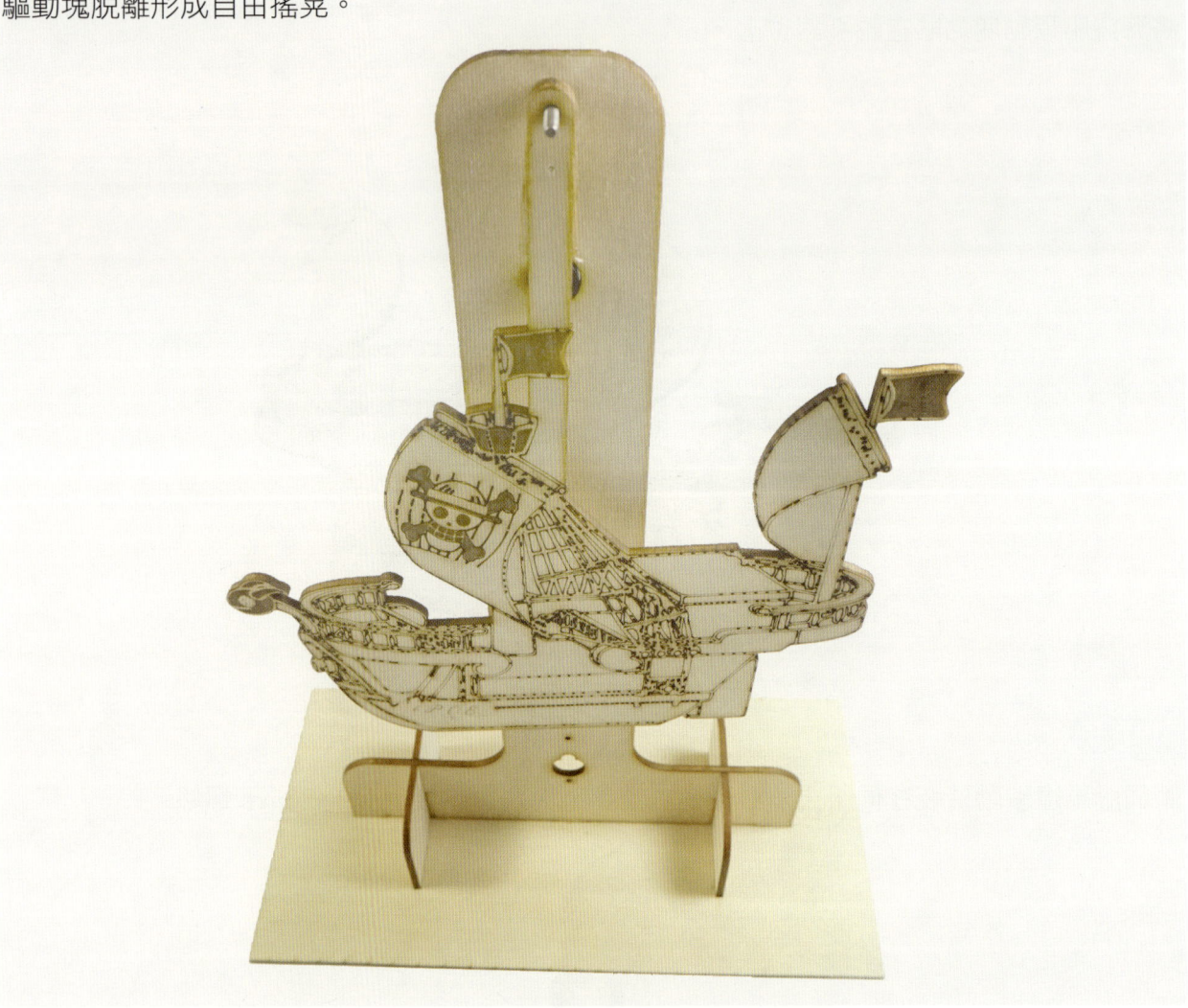

四 程式設計

設計海盜船在怒海中航行的場景。

Step 1

開啟「專題 14：模擬飛行 - 陀螺儀滾轉與俯仰」做修改。

Step 2

背景：使用繪圖工具畫出黑夜與海洋。

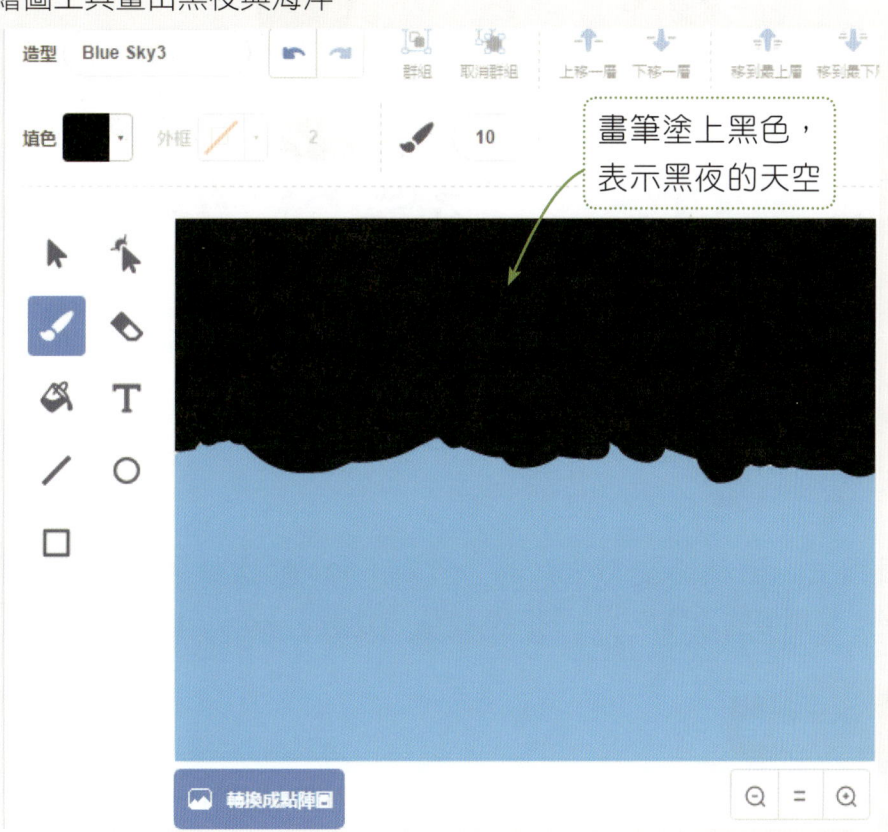

畫筆塗上黑色，表示黑夜的天空

Step 3

角色：編輯海盜船，採用網路搜尋，使用繪圖工具去背，並在船底部畫出一些與海洋相同顏色的浪花。

Step 4

設備：編輯程式，仍然將變數「angle」設為「90+陀螺儀的俯仰角」，變數「UP_DOWN」設為「陀螺儀的滾轉角」，伺服馬達依照變數「angle」轉動。

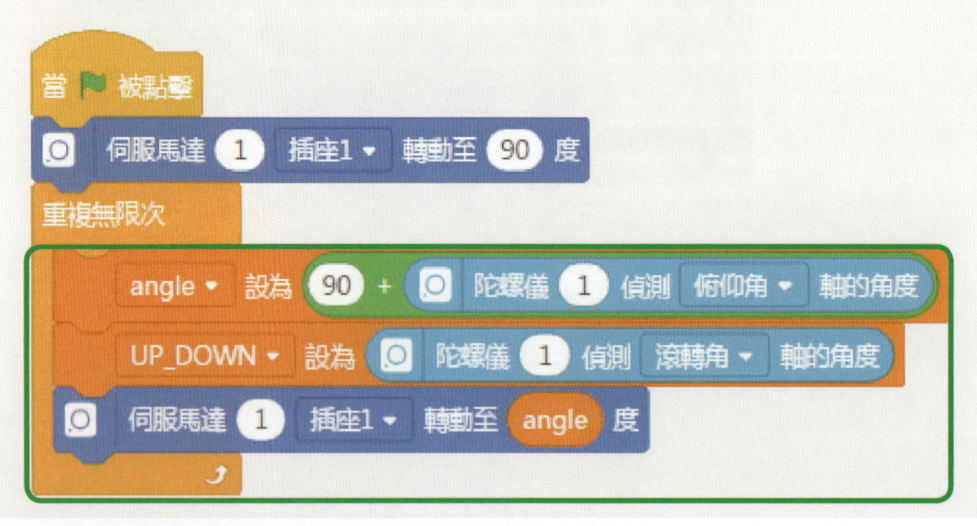

Step 5

角色 編輯海盜船程式，左右仍然面朝變數「angle」，上下的 Y 軸 =52+2* 變數「UP_DOWN」，這需要實際測試來調整。

Step 6

儲存專案：海盜船。

　　點按綠旗執行，會發現螢幕上海盜船－黃金梅利號隨著神經元模組擺動在怒海上上下下。電腦會發出低沉的聲音。實際的海盜船模型，輕微擺動時左右搖晃，劇烈擺動則脫離伺服馬達自由搖晃，這個設計是機構的間接傳動，用意在保護伺服馬達，不像模擬飛行的飛機直接驅動。

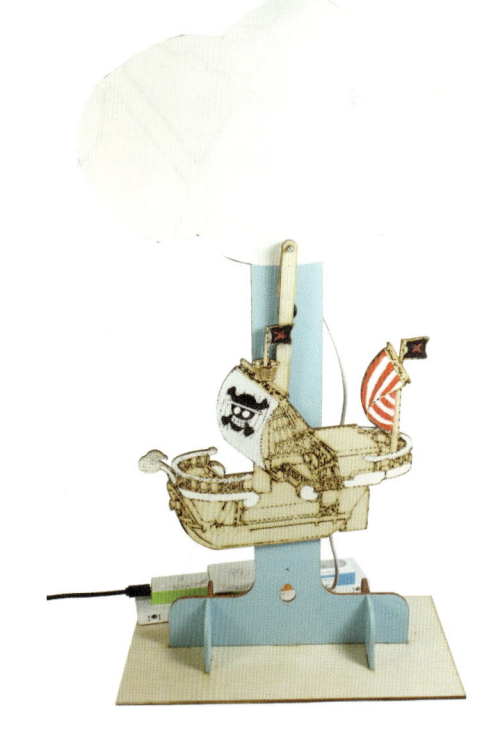

4-5　專題 16：大猩猩爬樹

　　這是一個有趣的童玩，當拉動單邊繩子，利用棉繩的摩擦力，大猩猩手部摩擦力變小，順勢往上滑，這裡改成利用伺服馬達來驅動。大猩猩是以 Inkscape 免費軟體描繪與圖案。

一　雷切圖檔

檔名：大猩猩.dxf

二 材料清單

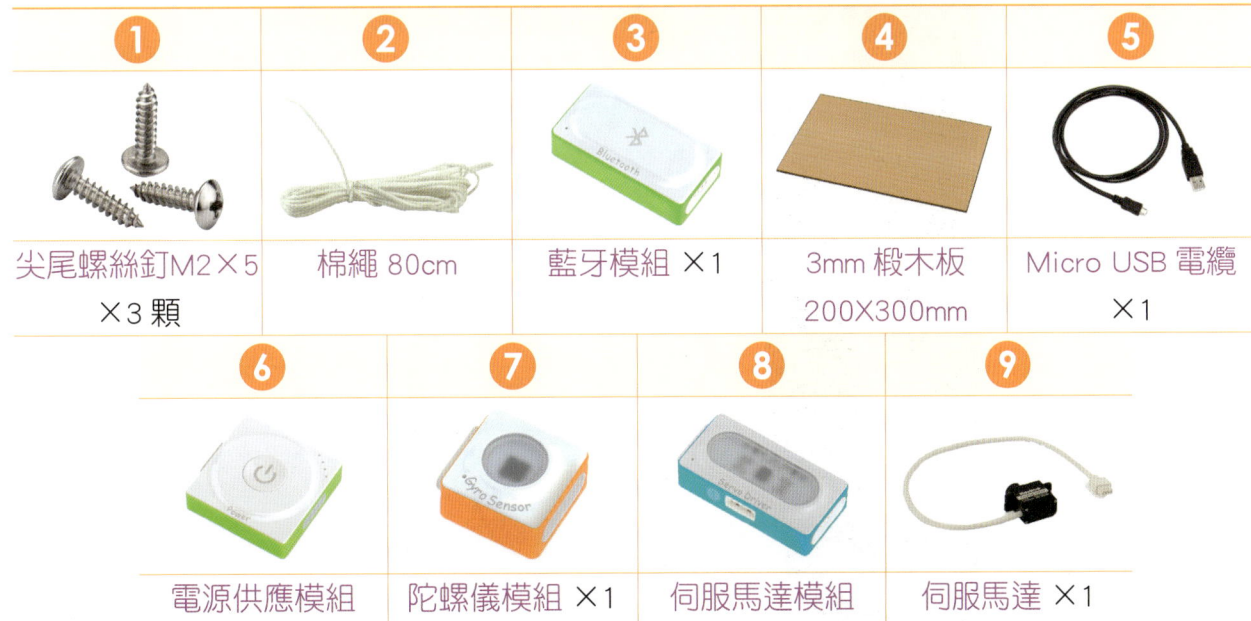

1	2	3	4	5
尖尾螺絲釘M2×5 ×3顆	棉繩 80cm	藍牙模組 ×1	3mm 椴木板 200X300mm	Micro USB 電纜 ×1

6	7	8	9
電源供應模組 ×1	陀螺儀模組 ×1	伺服馬達模組 ×1	伺服馬達 ×1

Chapter 4 使用神經元 Neuron 與 mBlock 5 做創意專題

三 組裝過程

Step 1

將伺服馬達裝在底座下方配合孔位上,裝上 M2×5mm 螺絲。

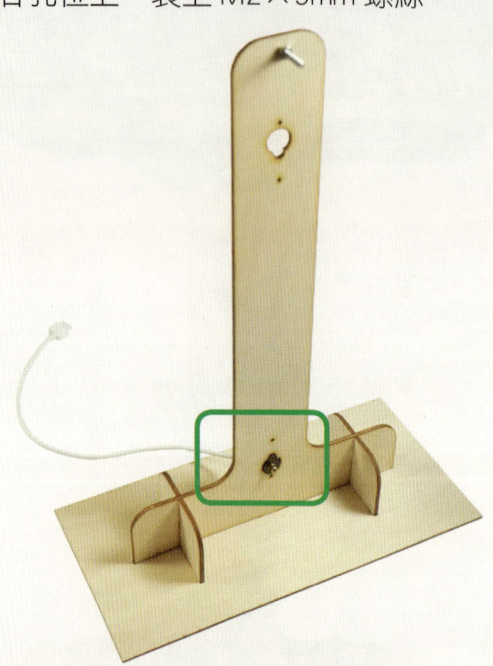

Step 2

雷切的大猩猩零件。

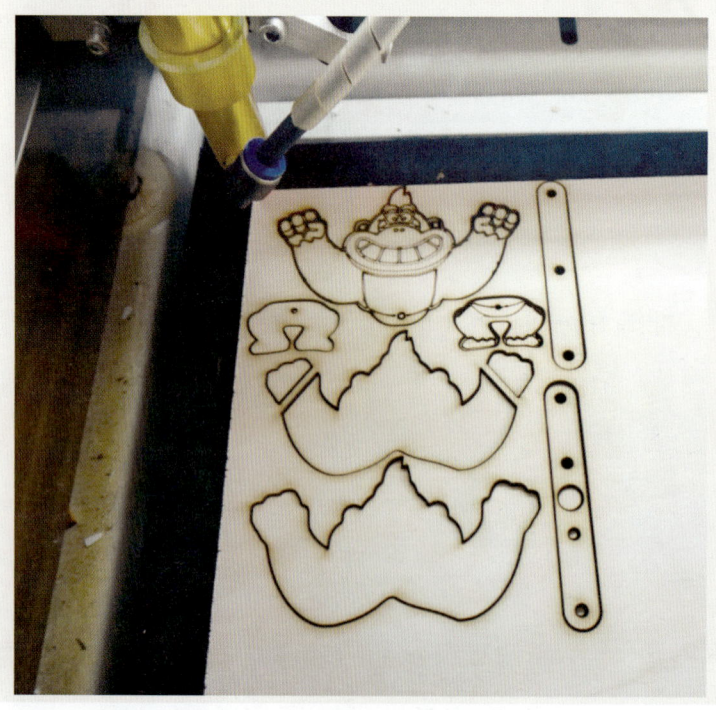

Step 3

完成的零件。

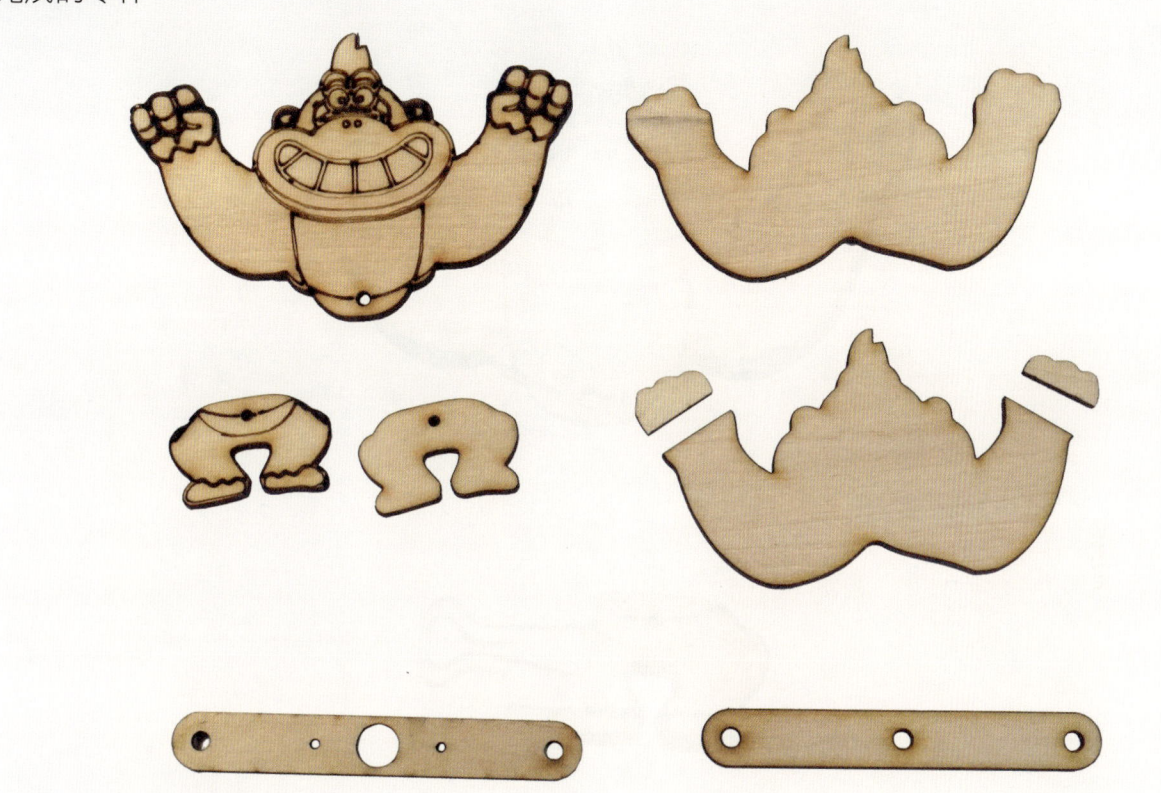

Step 4

用白膠膠合，長尾夾固定讓它黏合。上半身有 3 層，手部缺口是穿繩的空隙。

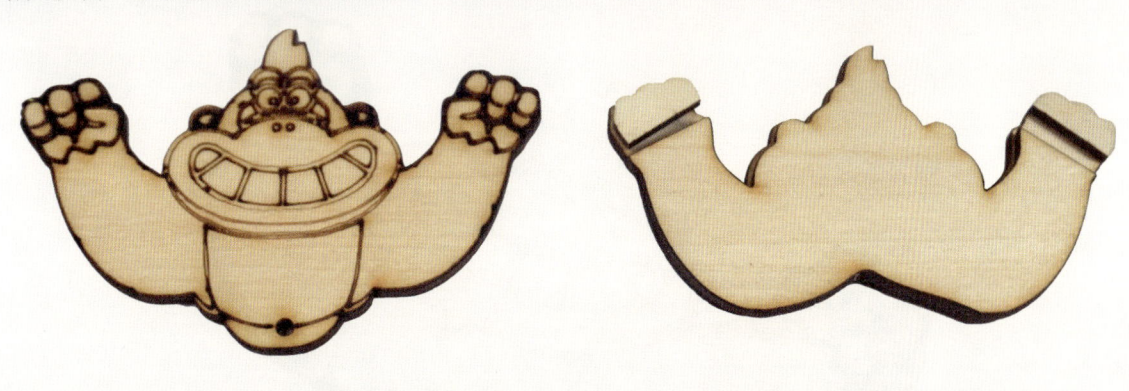

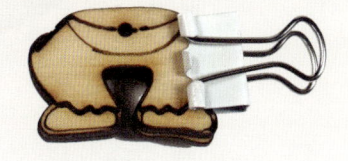

Step 5

第三層黏貼固定。

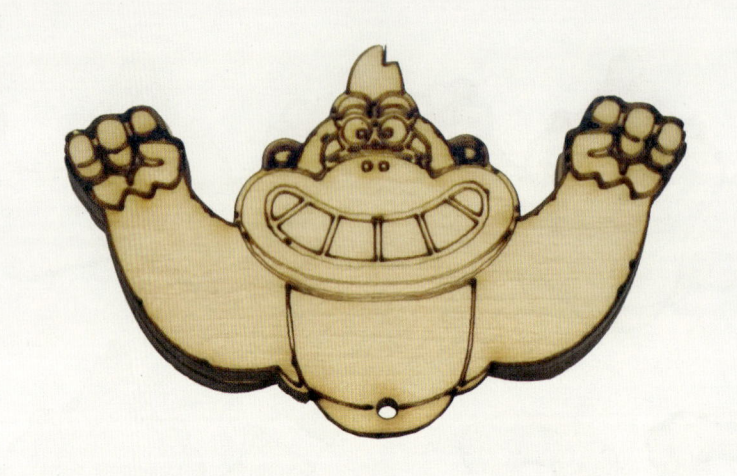

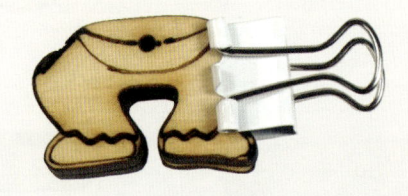

Step 6

以小尖尾螺絲做關節鎖上,下半身會隨姿勢擺動。

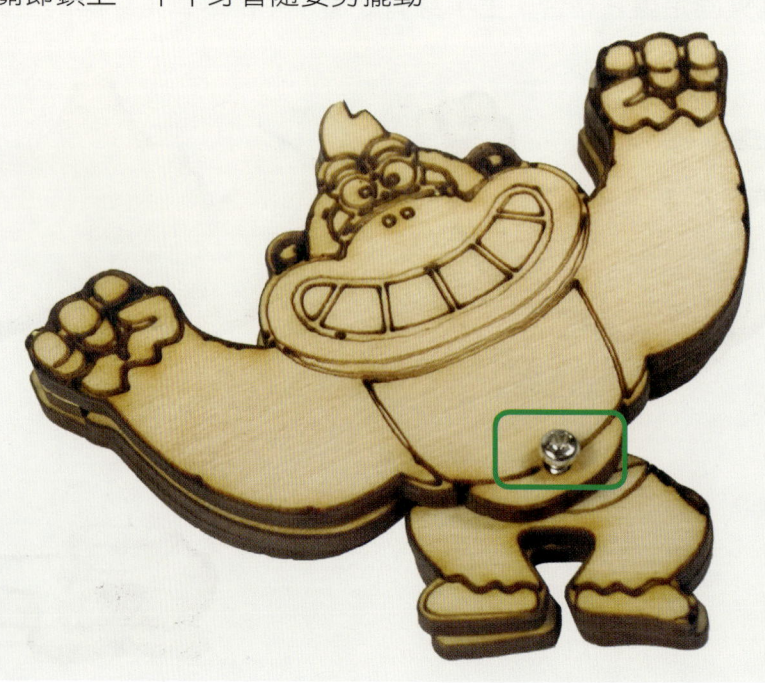

Step 7

驅動桿裝上伺服馬達驅動臂,與上方的橫桿。

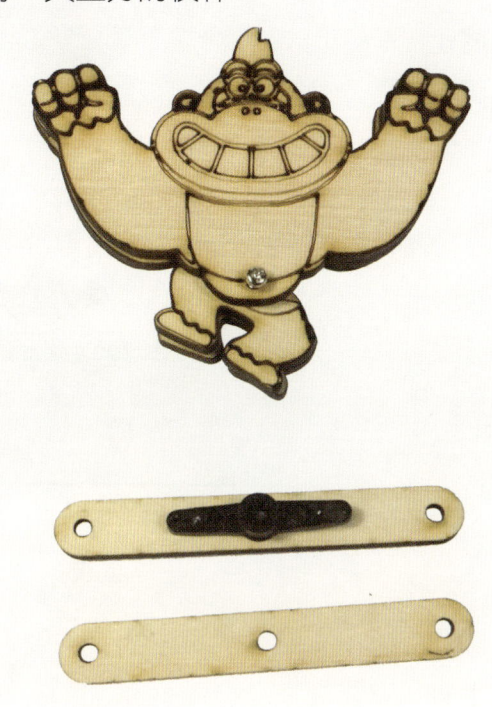

Step 8

上下橫桿與猩猩手部穿過棉繩。

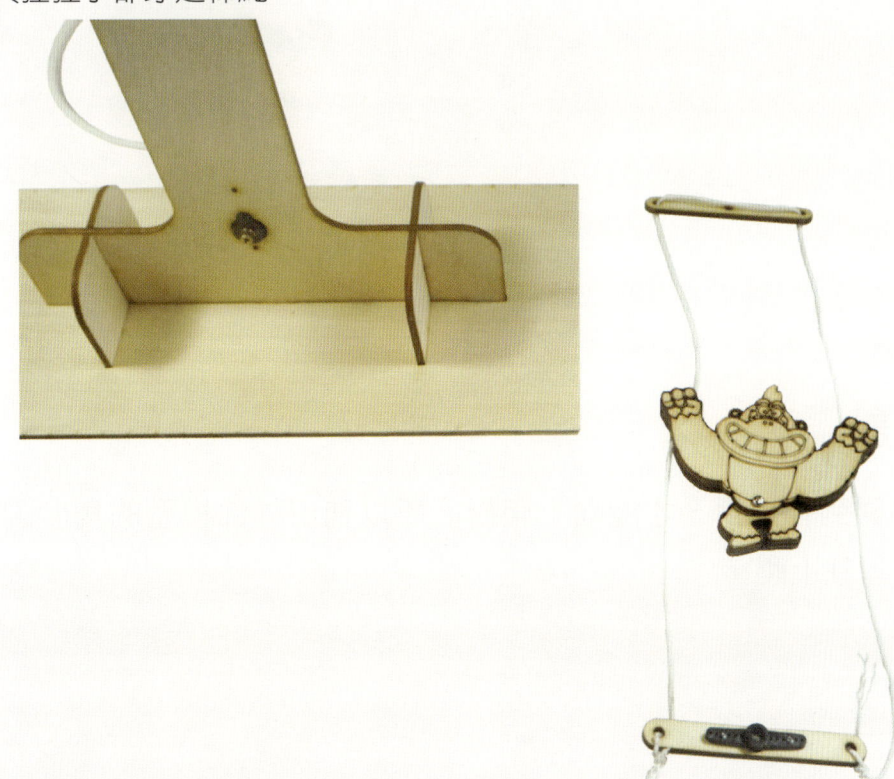

Step 9

伺服馬達裝在下方配合孔，上方鎖 M3×20 螺絲釘做支點，將上下的橫桿分別裝置妥當；棉繩調整鬆緊度。

Step 10

以手搖動驅動桿，確認上升動作無誤，完成伺服馬達接頭接上神經元模組。

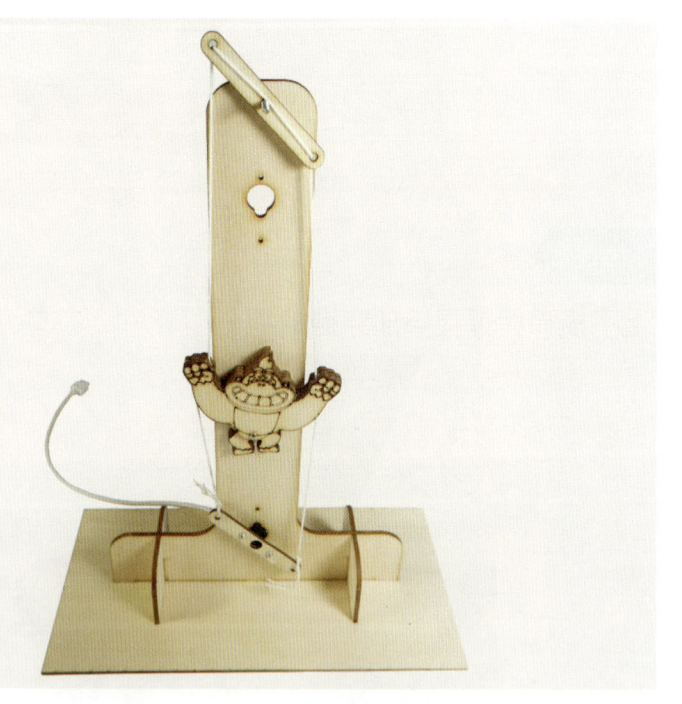

四 程式設計

當大猩猩碰到香蕉樹，才能向上爬樹。所以利用外部模型的角度因伺服馬達擺動，讓大猩猩往上爬。

Step 1

開新專題：大猩猩爬樹。

Step 2

背景：從背景庫中挑選 Forest2，一張叢林的背景。

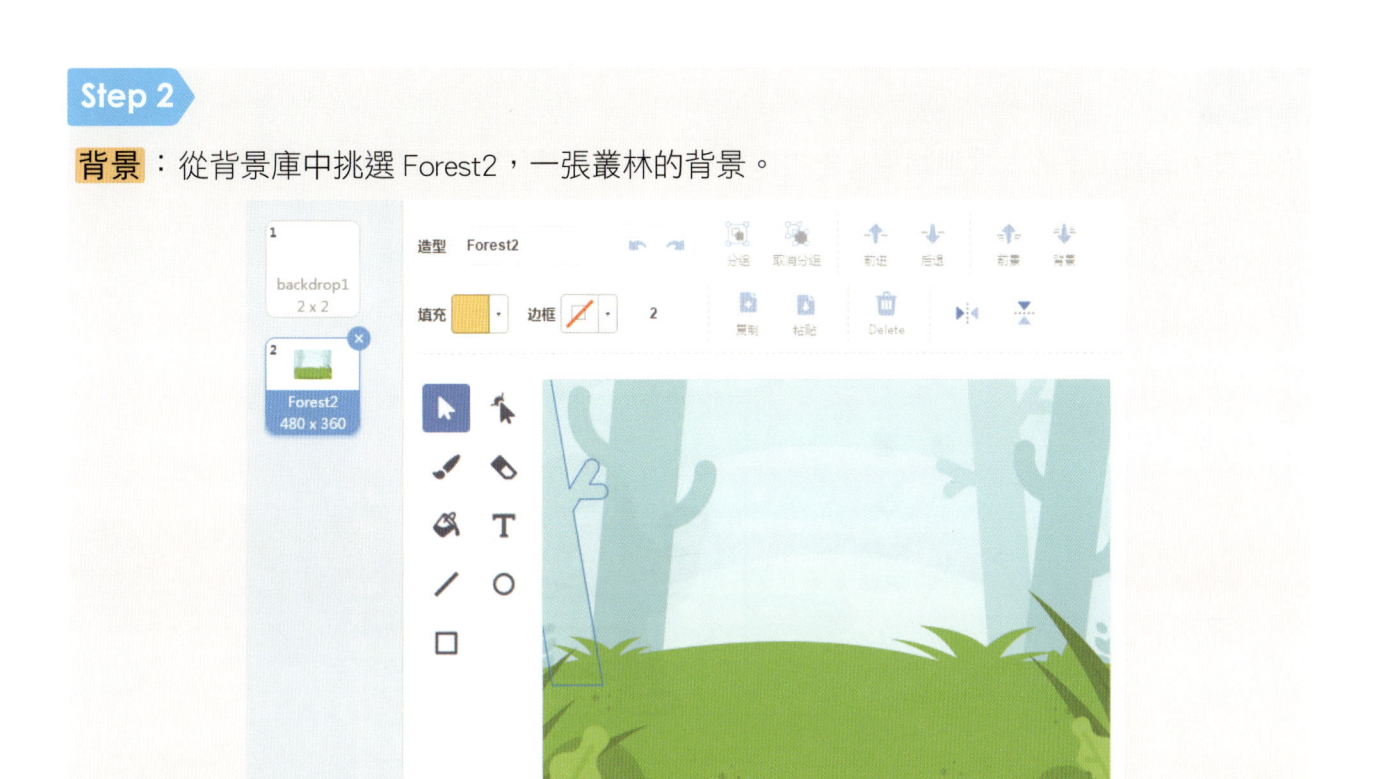

Step 3

角色：從角度造型庫挑選 Banana1，並編輯 Banana1，使用畫圖功能，複製多根香蕉，並畫上樹幹。

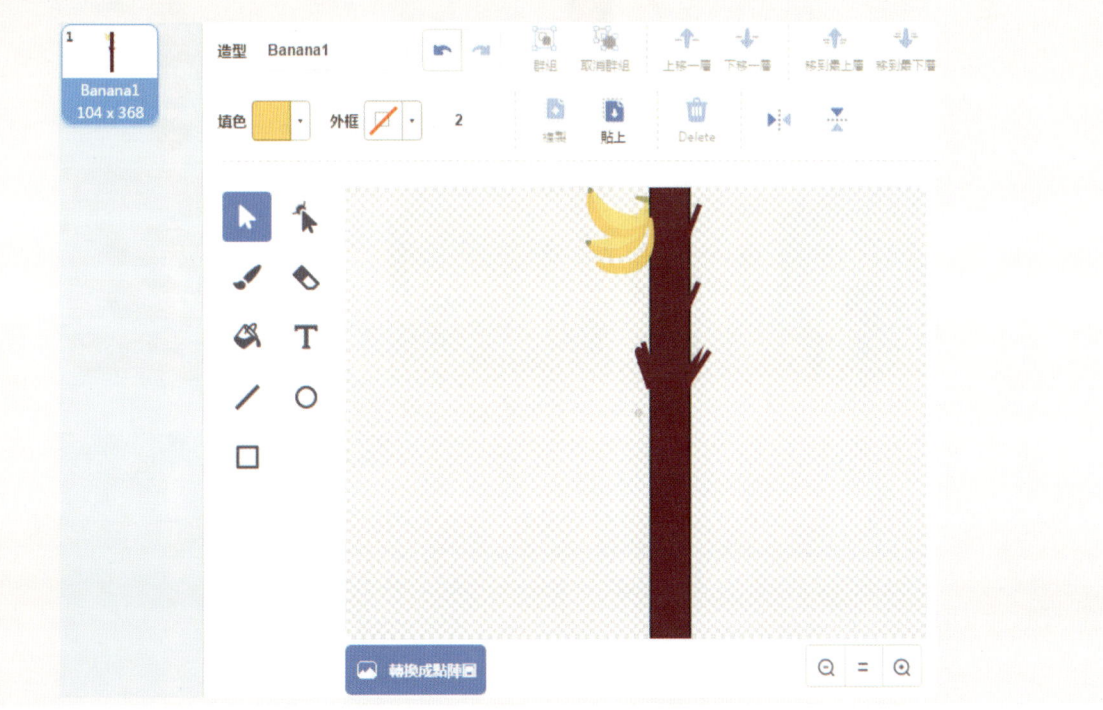

Step 4

挑左右手部有上下的大猩猩圖案。先複製造型，再使用鏡射，二個造型就有動畫的感覺。

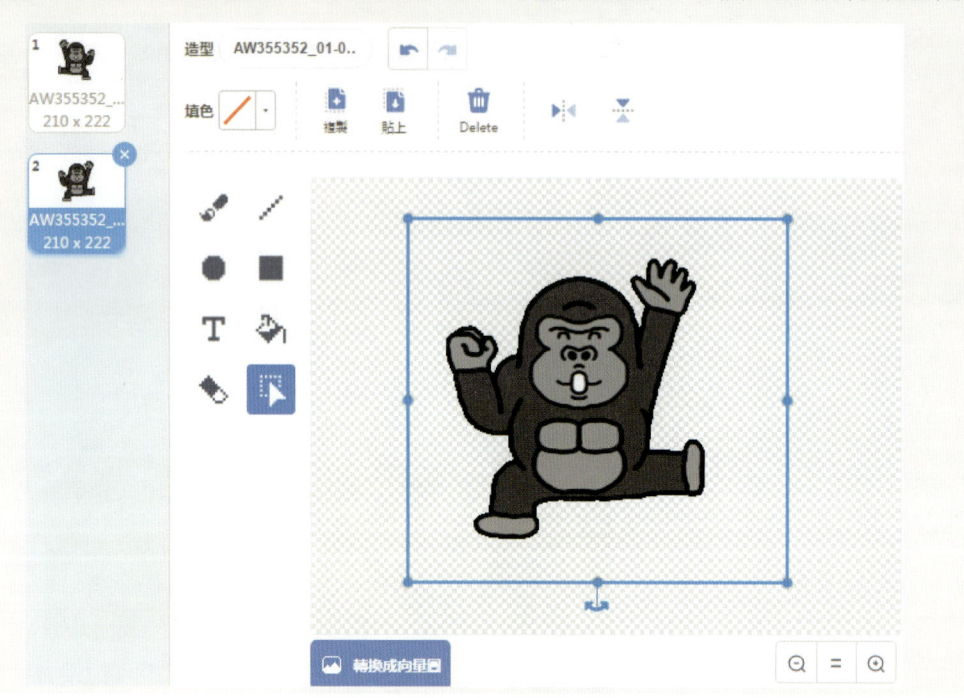

Step 5

設置三個變數「up」、「right」、「left」，它的訊息來自神經元的陀螺儀俯仰角與滾轉角。

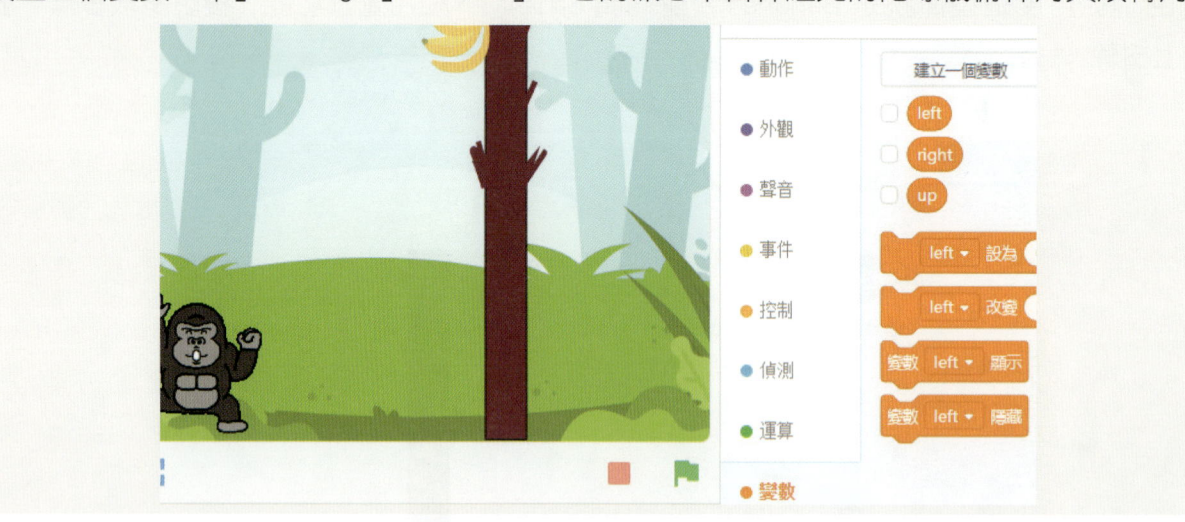

Step 6

❶ **設備**：編輯程式。

❷ 將陀螺儀感測訊息分別依姿勢給變數「up」、「right」、「left」。

❸ 另外需要收到廣播訊息「爬樹」，伺服馬達才會擺動！（「爬樹」訊息是角色大猩猩程式收到變數「up」而且碰到香蕉樹，螢幕的大猩猩會向上移動 5 步，並廣播「爬樹」讓伺服馬達開始擺動，大猩猩模型往上爬。）

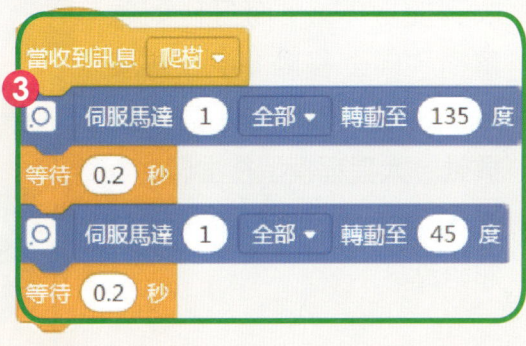

Step 7

❶ 角色：編輯大猩猩程式。
❷ 收到變數「right」向右移動 10 步。
❸ 收到變數「left」向左移動 10 步。
❹ 收到變數「up」而且碰到香蕉樹，向上移動 5 步，並廣播「爬樹」讓伺服馬達開始擺動，大猩猩模型往上爬。
❺ 當大猩猩角色被點擊，回到起始點。

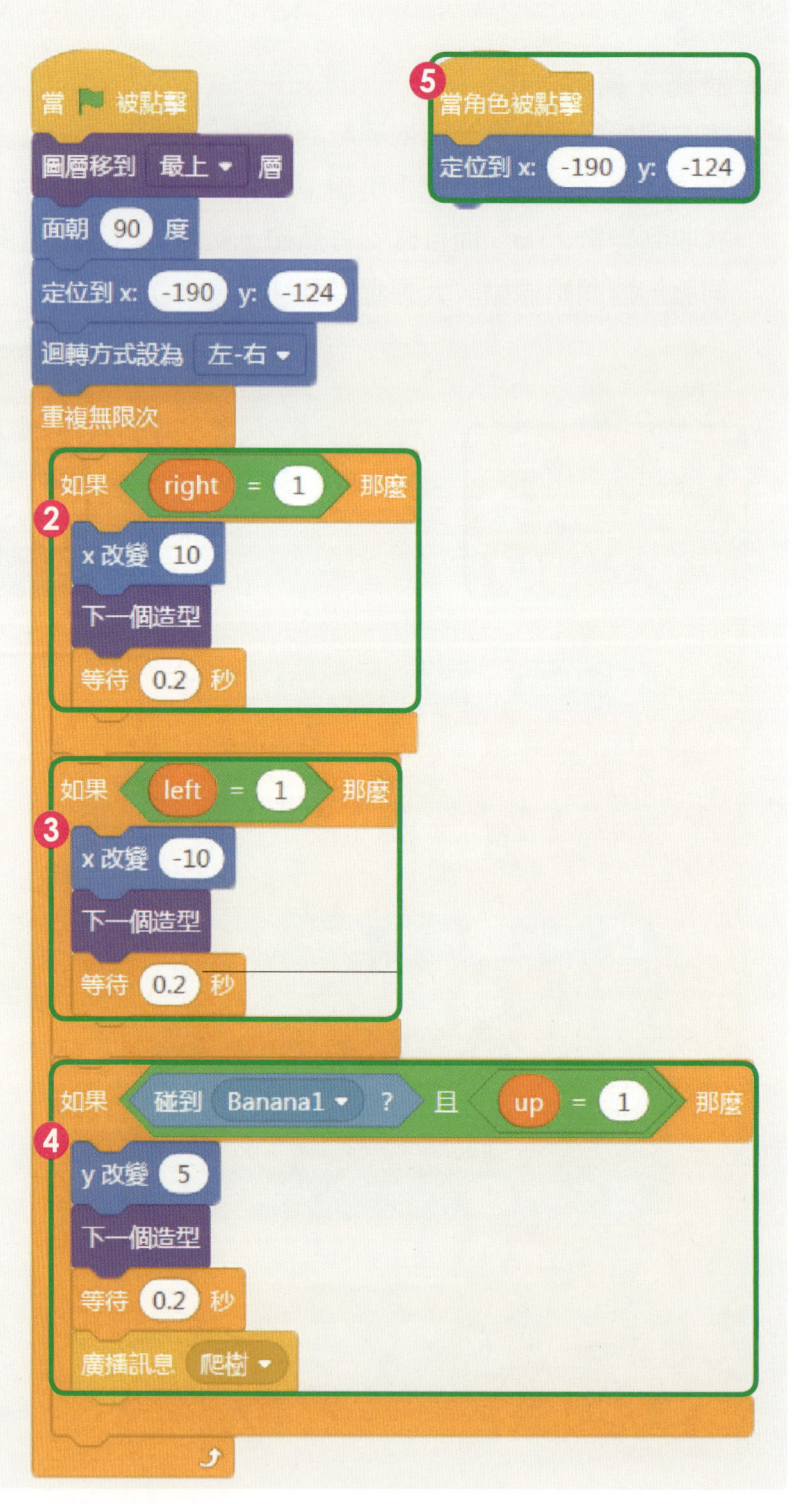

Step 8

儲存檔案。

點按綠旗執行，會發現當神經元模組往右傾斜，大猩猩往右走，一直到碰到香蕉樹，大猩猩才能往上爬，這時神經元模組往前後傾斜，螢幕的大猩猩往上爬，外部的大猩猩模型也往上爬，是十分有趣的虛實互動專題喔！

在程式設計上，應用了變數與廣播讓神經元設備與角色互相交換訊息，另外使用了邏輯判斷「且 and」，確認碰到香蕉樹與陀螺儀的往前訊號都成立，才能往上爬樹，並廣播訊息「爬樹」，讓伺服馬達同步擺動，這是中級的程式技巧了。

4-6　專題 17：吃角子機器人

　　應用觸碰開關導通的特性，設計一個吃角子機器人。當給它硬幣，會自動開啟嘴巴，將硬幣吃到肚子裡。

一　雷切圖檔

> 檔名：吃角子機器人 .dxf

二 材料清單

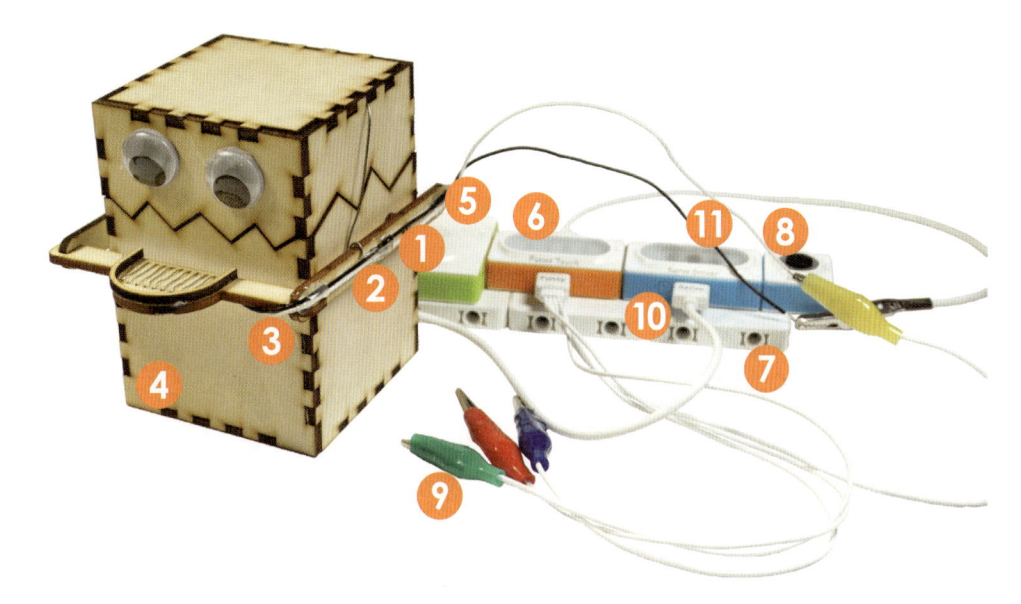

❶	❷	❸	❹
#20 不鏽鋼線 單芯線	藍牙模組 ×1	伺服馬達 ×1	3mm 椴木板 200×300mm
❺	❻	❼	❽
電源供應模組 ×1	觸碰開關模組 ×1	積木結合鍵 ×6	蜂鳴器模組 ×1
❾	❿	⓫	⓬
觸碰開關線，Gnd 線 ×1	積木底座 ×4	伺服馬達模組 ×1	Micro USB 電纜 ×1（視情況使用）

Chapter 4 使用神經元 Neuron 與 mBlock 5 做創意專題

三 組裝過程

Step 1
雷切後的零件

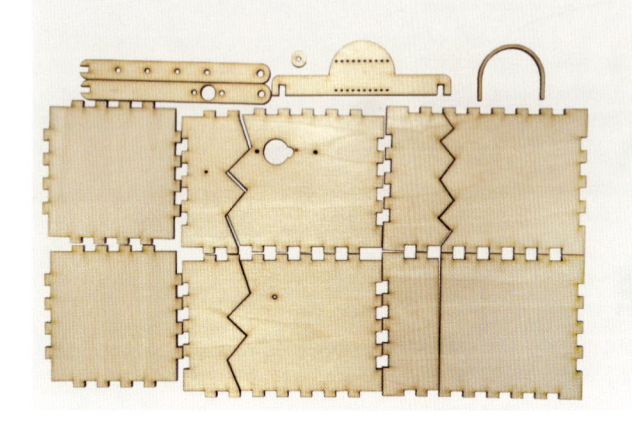

Step 2
組裝本體，可用小榔頭或起子柄輕敲，讓外盒密合

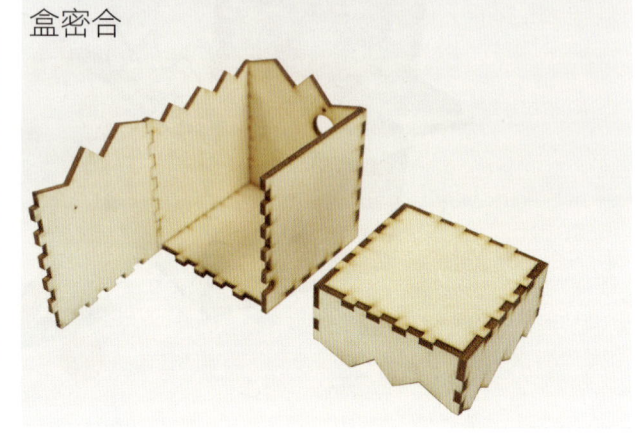

Step 3
組裝伺服馬達

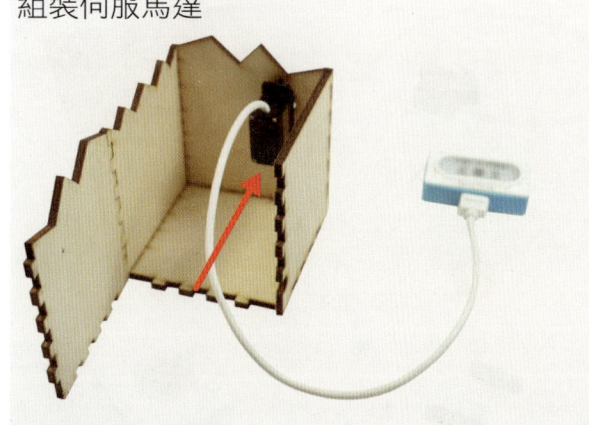

Step 4
組裝本體完成

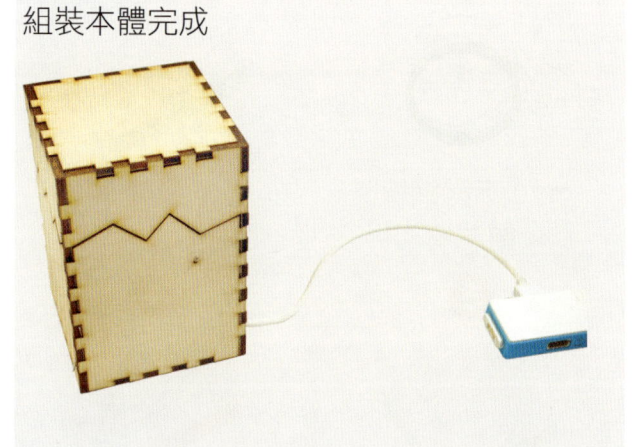

Step 5
使用膠帶作為鉸鍊

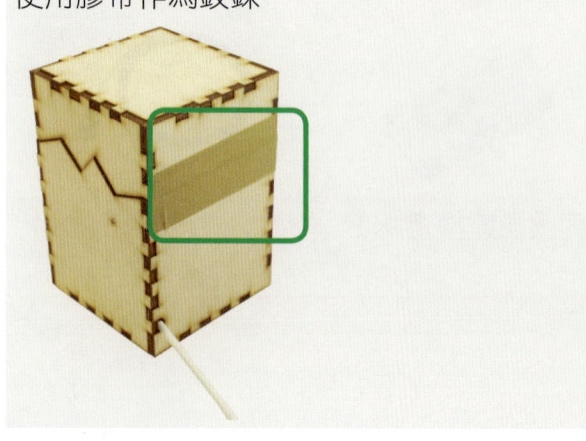

Step 6
內側面也要貼膠帶作為鉸鍊

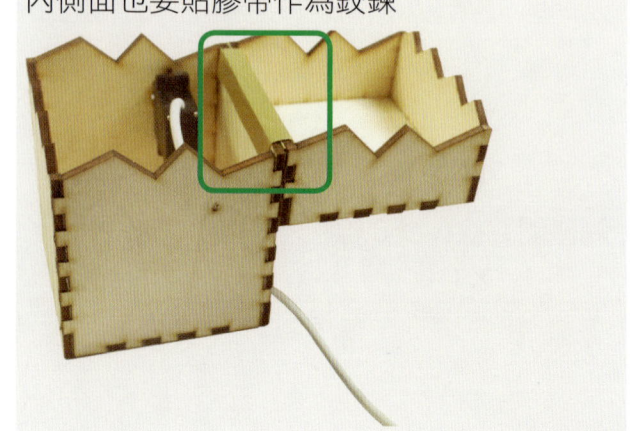

Step 7

組裝手臂部分，伺服馬達驅動臂鎖上

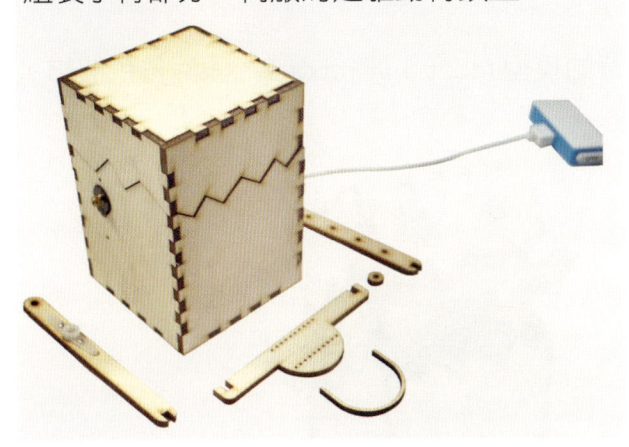

Step 8

使用單芯線 2 條分別穿過木板的小孔，2 條線不能重疊到！

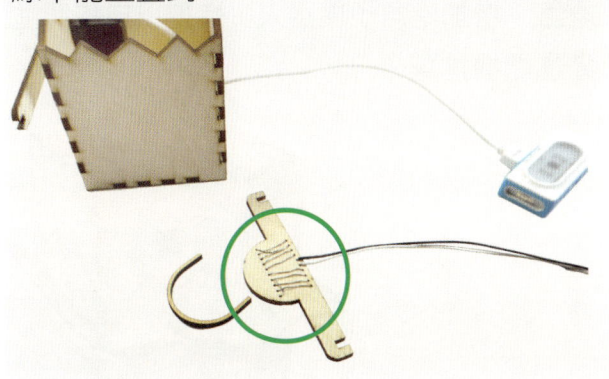

Step 9

這是正面，導線設計這方向排列，只要二邊有任 2 條線與錢幣接觸即導通，輸出訊號。

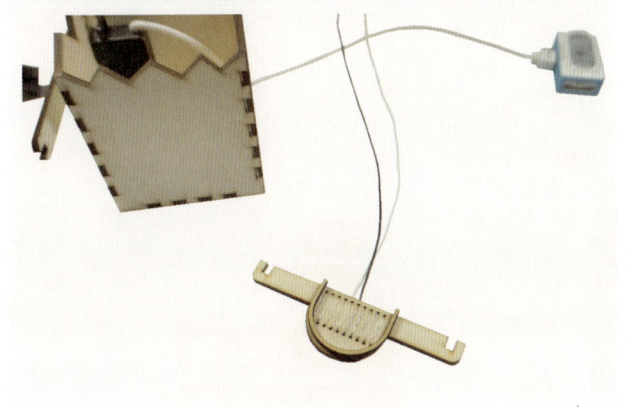

Step 10

使用熱熔膠固定導線於手臂上，折彎 #20 不鏽鋼線做頂開上蓋的連桿。

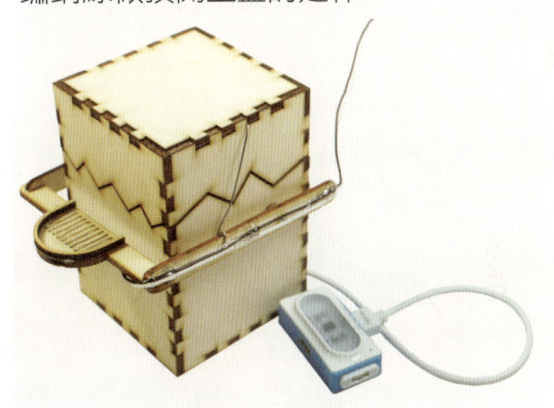

Step 11

黃色鱷魚夾與地線鱷魚夾分別夾住兩條導線，完成，小心不要碰觸到。

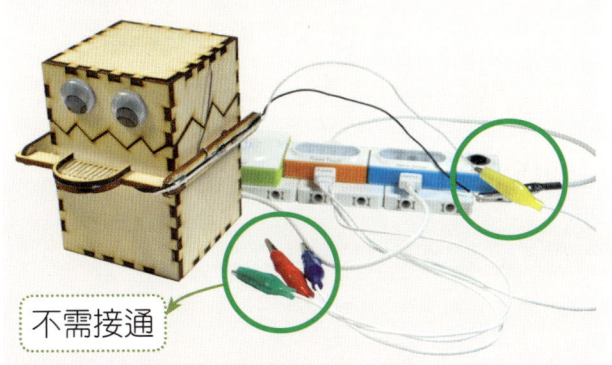

不需接通

Step 12

設計程式，當硬幣放在盤子上，觸碰開關黃色導通地線，舉起手臂與打開嘴巴，倒入錢幣。

四 程式設計

Step 1

角色：增加吃角子機器人，造型以自拍照並去背的模型 robot-1 與 robot-2。刪除角色熊貓，**背景**隨機挑選。

Step 2

角色：建立變數「angle」、「money」。

Step 3

❶ 編輯神經元程式。

❷ 當黃色觸摸開關為「1」，錢幣導通電路，那麼變數「money」設為 1。

❸ 分二次每次 20 度伺服馬達，將手臂舉高與打開嘴巴，讓錢幣倒入。

❹ 並且演奏一段歡樂的音樂（共 0.75 秒）。

❺ 直到錢幣滑下去，觸摸開關 =0，然後分四次每次 10 度伺服馬達，將手臂放下，閉上嘴巴。

Step 4

伺服馬達總開合角度為 40 度，這個值需要依實際情況做微調，分次旋轉並有少許等待時間，是為了避免衝力太大。

Step 5

角色：編輯吃角子機器人，當變數「money」為 1，造型換成 robot-2，否則造型為 robot-1。

Step 6

儲存檔案：吃角子機器人。

點按綠旗執行，將硬幣放在盤子上，觸碰開關黃色導通，吃角子機器人舉起手臂與打開嘴巴，倒入錢幣，發出歡樂的音樂，然後放下手臂，閉上嘴巴。十分有趣喔！

這個專題的吃角子機器人也可以使用回收的牛奶紙盒、洋芋片罐，或者紙杯等材料，再手工 DIY 製作，一樣生動有趣。

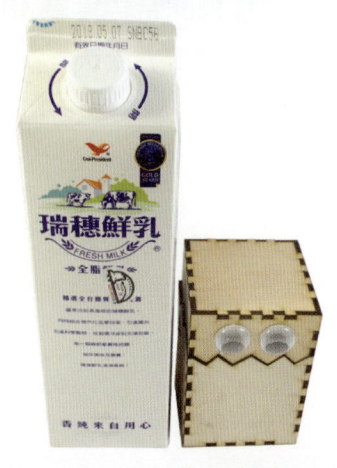

4-7　專題 18：創客樂團

　　觸碰開關模組有 4 條觸碰線路，可以有 4 組的輸入訊號。現在，應用數位邏輯的概念，可以將它擴充成更多的輸出選項。

一　雷切圖檔

檔名：鍵盤.dxf

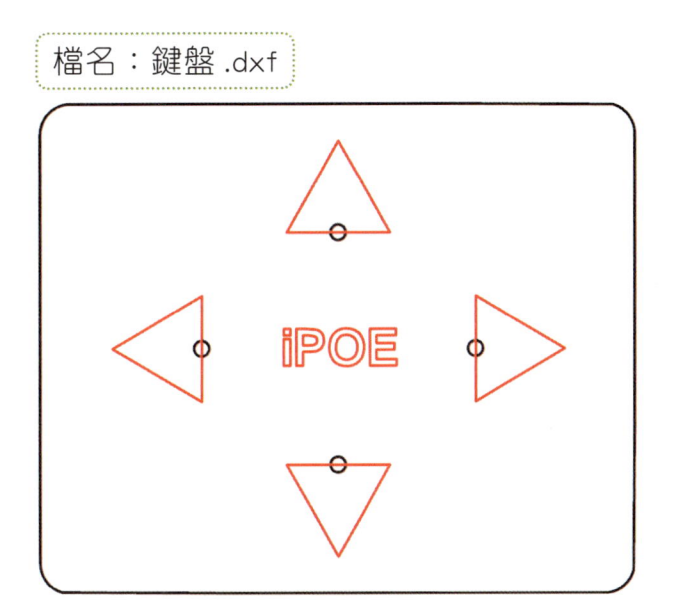

二　材料清單

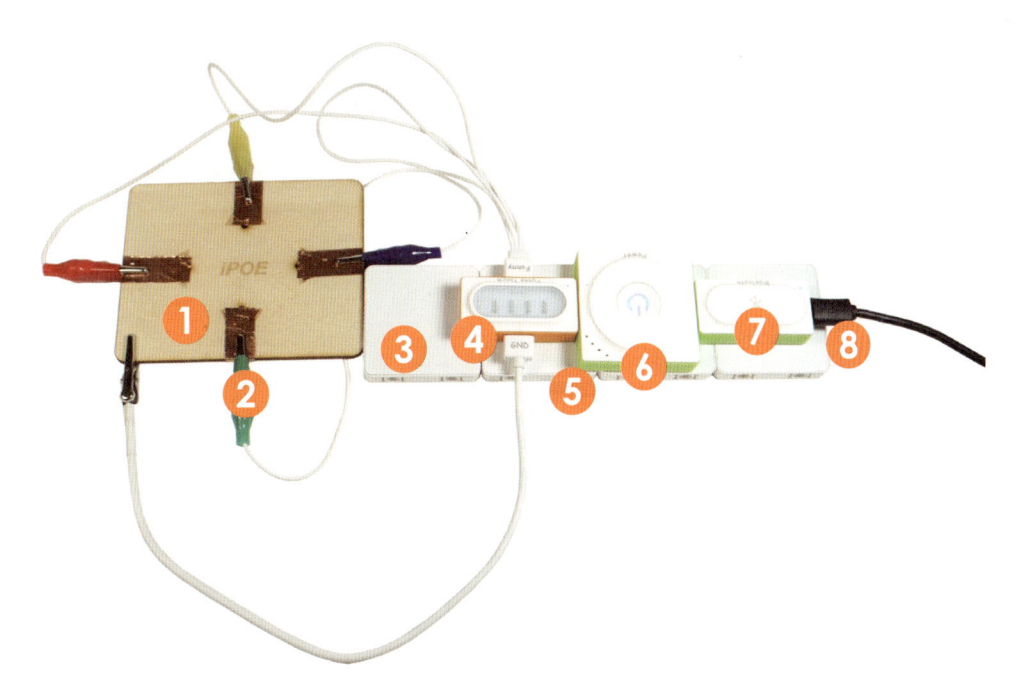

①	②	③	④
自製鍵盤	觸碰開關線，Gnd 線 ×1	積木底座 ×4	觸碰開關模組 ×1
⑤	⑥	⑦	⑧
積木結合鍵 ×6	電源供應模組 ×1	藍牙模組 ×1	Micro USB 電纜 ×1

三 組裝過程

Step 1

雷切底板，上面貼銅箔，可以使用瓦楞紙與鋁箔代替。

Step 2

分別夾上紅、黃、藍、綠鱷魚夾，地線請夾在左下角。

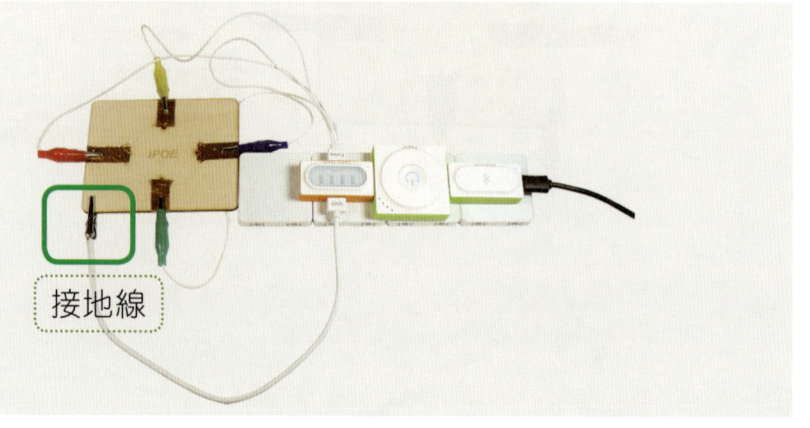

接地線

原理說明：觸碰開關線紅、黃、藍、綠四個觸碰鱷魚夾，分別的訊號狀態為 0 與 1 數位訊號；使用邏輯運算的「及 and」，四個數位訊號組合有 $2^4=16$ 變化，扣除 0 全無訊號則有十五種狀態。這個專題取其十種組合狀態來應用與設計程式，如下表：

想想看，還有哪些組合方式呢？

觸碰顏色	輸出
紅	A
黃	B
藍	C
綠	D
紅＋黃	E
紅＋藍	F
紅＋綠	G
黃＋藍	H
黃＋綠	I
黃＋藍＋綠	J

四 程式設計

Step 1

建立十個廣播訊息，廣播訊息「A、B、C、D、E、F、G、H、I、J」。

Step 2

背景 與 角色 編輯，請挑選適當的造型。

Step 3

角色：編輯熊貓程式，開啟擴展積木的音樂。

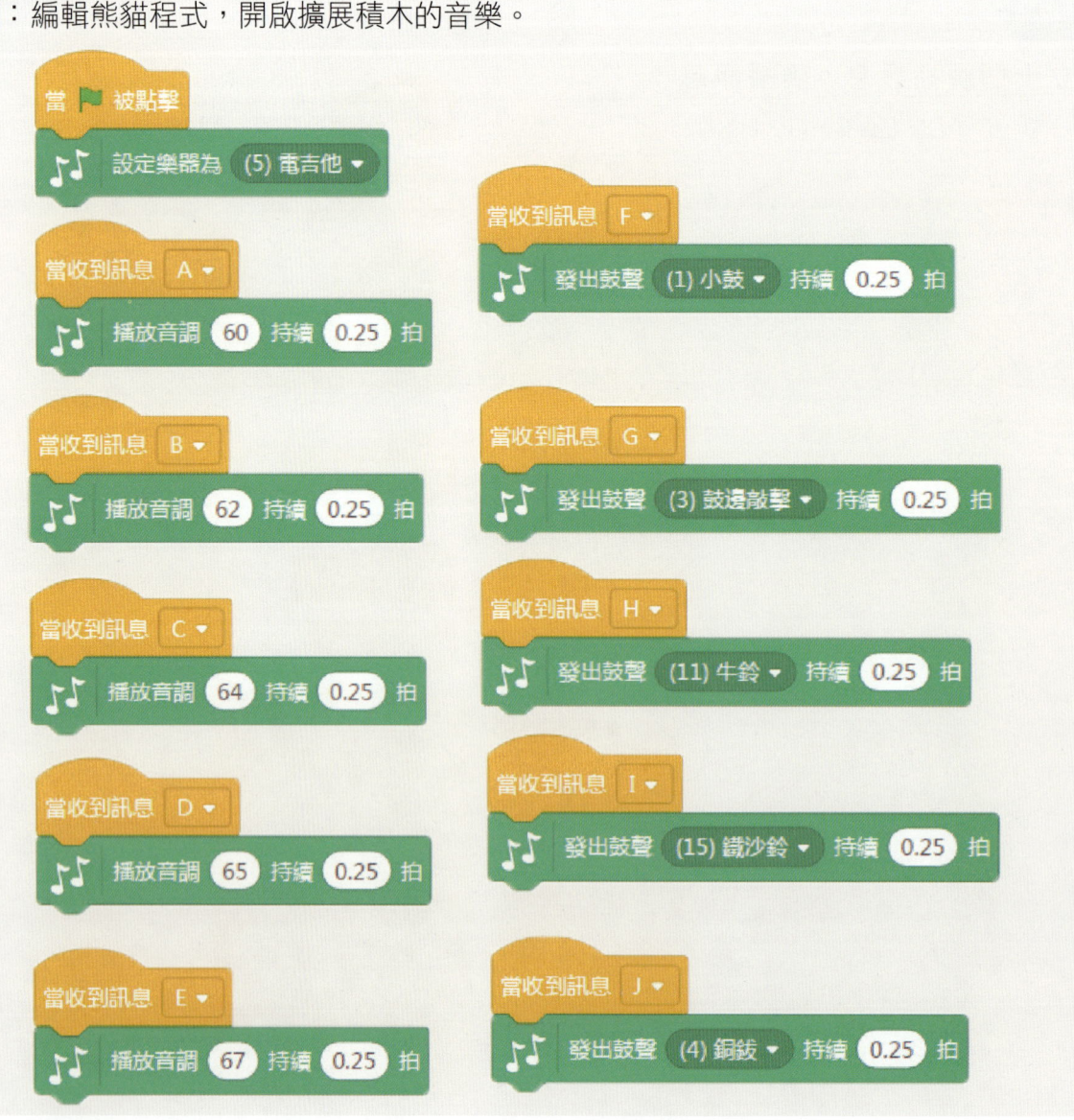

當 ▶ 被點擊
設定樂器為 (5) 電吉他 ▼

當收到訊息 A ▼
播放音調 60 持續 0.25 拍

當收到訊息 B ▼
播放音調 62 持續 0.25 拍

當收到訊息 C ▼
播放音調 64 持續 0.25 拍

當收到訊息 D ▼
播放音調 65 持續 0.25 拍

當收到訊息 E ▼
播放音調 67 持續 0.25 拍

當收到訊息 F ▼
發出鼓聲 (1) 小鼓 ▼ 持續 0.25 拍

當收到訊息 G ▼
發出鼓聲 (3) 鼓邊敲擊 ▼ 持續 0.25 拍

當收到訊息 H ▼
發出鼓聲 (11) 牛鈴 ▼ 持續 0.25 拍

當收到訊息 I ▼
發出鼓聲 (15) 鐵沙鈴 ▼ 持續 0.25 拍

當收到訊息 J ▼
發出鼓聲 (4) 銅鈸 ▼ 持續 0.25 拍

Step 4

神經元的程式，有二個要點：

❶ 從最多的「和 and」條件式寫在最前頭。

❷ 使用「如果…否則」條件式一直包含下去，直到十個條件式完成，因為程式由最前端順序往下判斷，這樣的寫法可以避免錯誤。

Step 5

儲存檔案：創客樂團。

點按綠旗執行，開啟電腦的喇叭，左手按地線夾，右手按鍵盤；當使用複合鍵時，先按鍵盤，再按地線，訊號才會正確。多了很多樂器的參與，創客樂團超級熱鬧！

4-8　專題 19：怪獸保險箱

　　這個專題，將「4-6 專題 17：吃角子機器人」與「4-7 專題 18：創客樂團」整合，成為一個由怪獸看守的保險箱，必須輸入正確的密碼，保險箱才會打開！完全以程式設計來達成。

一　材料清單

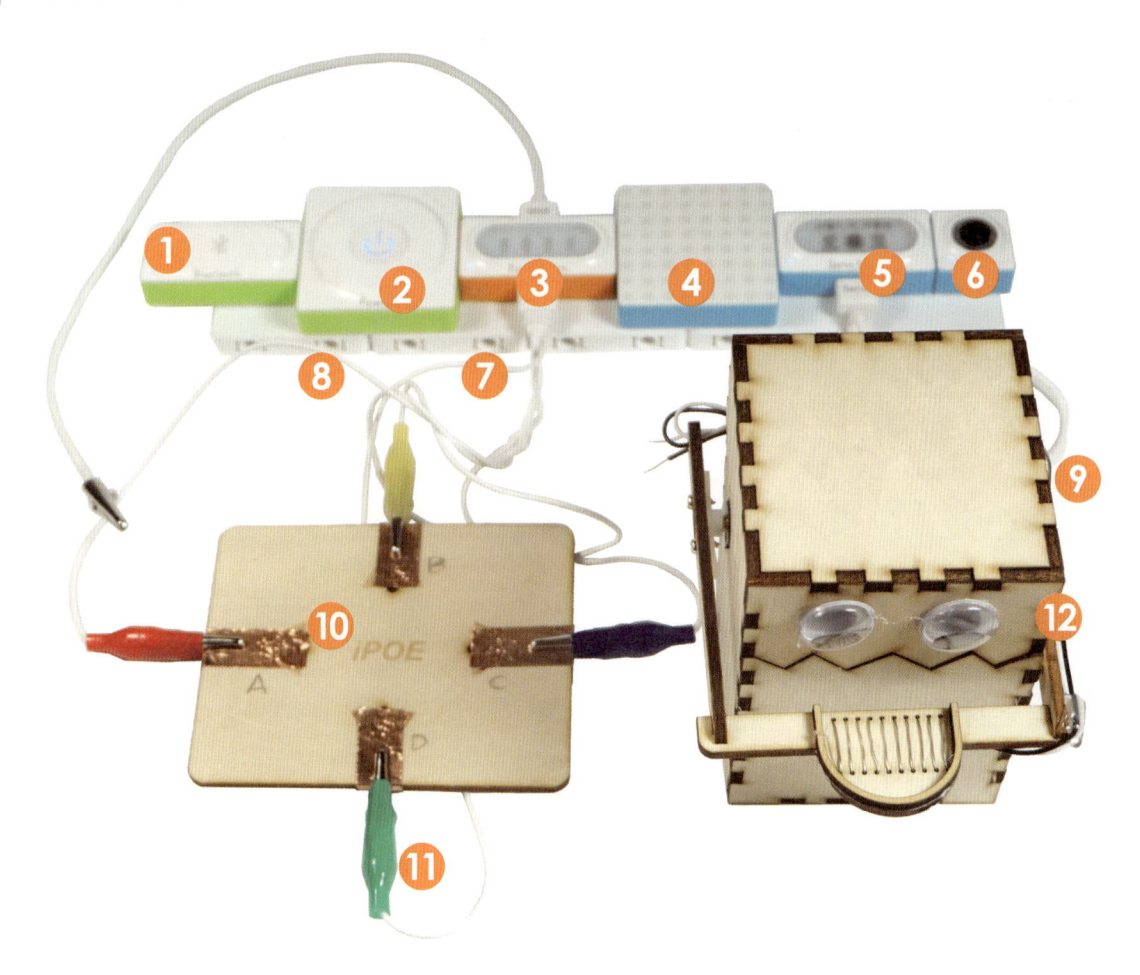

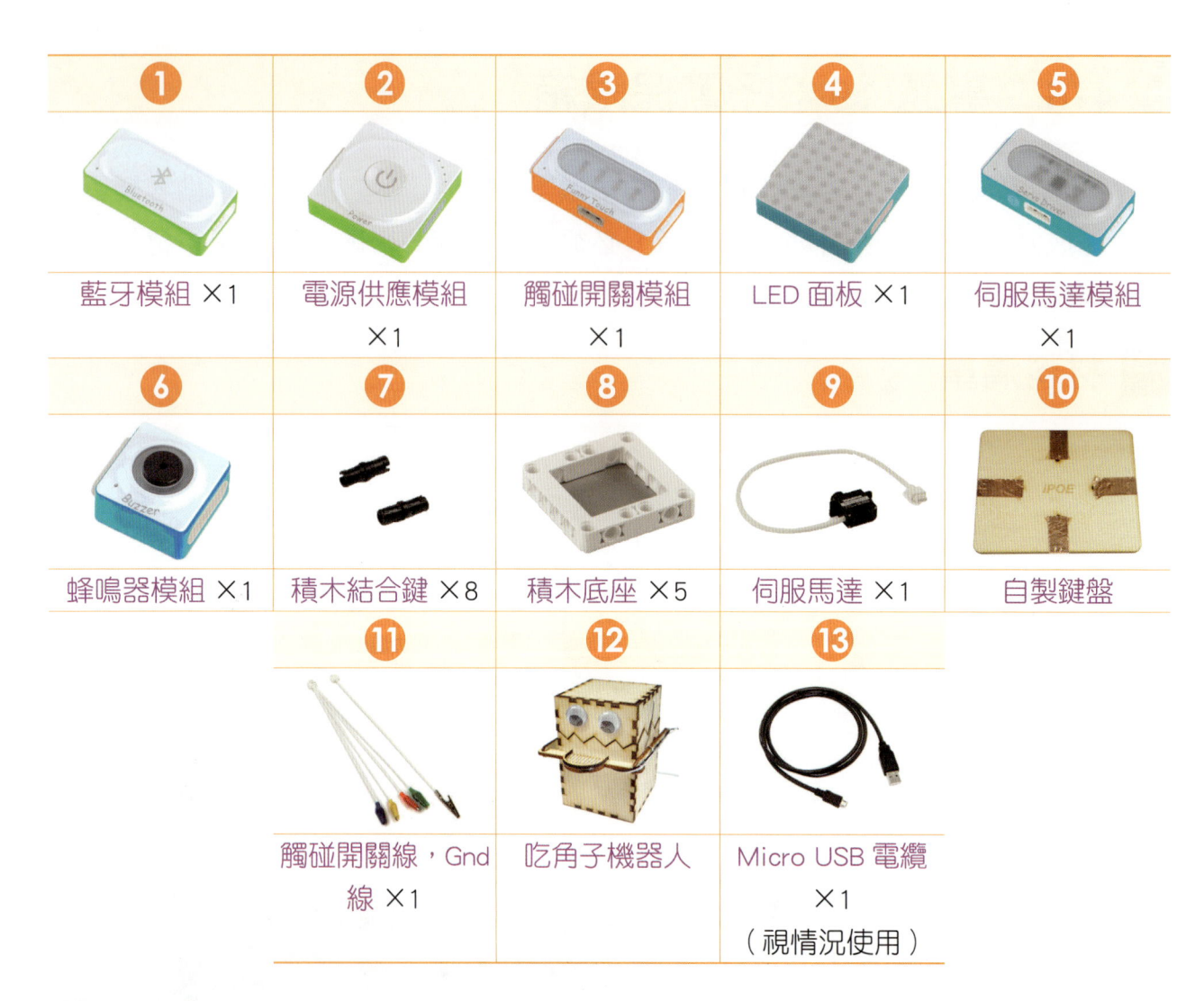

❶	❷	❸	❹	❺
藍牙模組 ×1	電源供應模組 ×1	觸碰開關模組 ×1	LED 面板 ×1	伺服馬達模組 ×1
❻	❼	❽	❾	❿
蜂鳴器模組 ×1	積木結合鍵 ×8	積木底座 ×5	伺服馬達 ×1	自製鍵盤
⓫	⓬	⓭		
觸碰開關線，Gnd 線 ×1	吃角子機器人	Micro USB 電纜 ×1（視情況使用）		

二 組裝過程

將吃角子機器人的感應線收納好，伺服馬達直接接到伺服馬達驅動模組。觸碰線分別代表密碼字元：

紅鱷魚夾→ A

黃鱷魚夾→ B

藍鱷魚夾→ C

綠鱷魚夾→ D

三 程式設計

依序輸入正確密碼且完全正確，怪獸保險箱才會打開嘴。因為每一個密碼有四種選擇，組合方式有 4^4=256 種。也可以參考 4-7 專題的作法，可以擴充到每一個密碼有十種選擇，則產生 10^4=10000 種變化喔！

Step 1

開啟專題檔案：吃角子機器人，保留背景與角色。

Step 2

角色：建立六個變數，分別為「ANSER」、「K1」、「K2」、「K3」、「K4」、「RIGHT_ANSER」，將觸碰回答的密碼，依序存在變數 K1～K4。

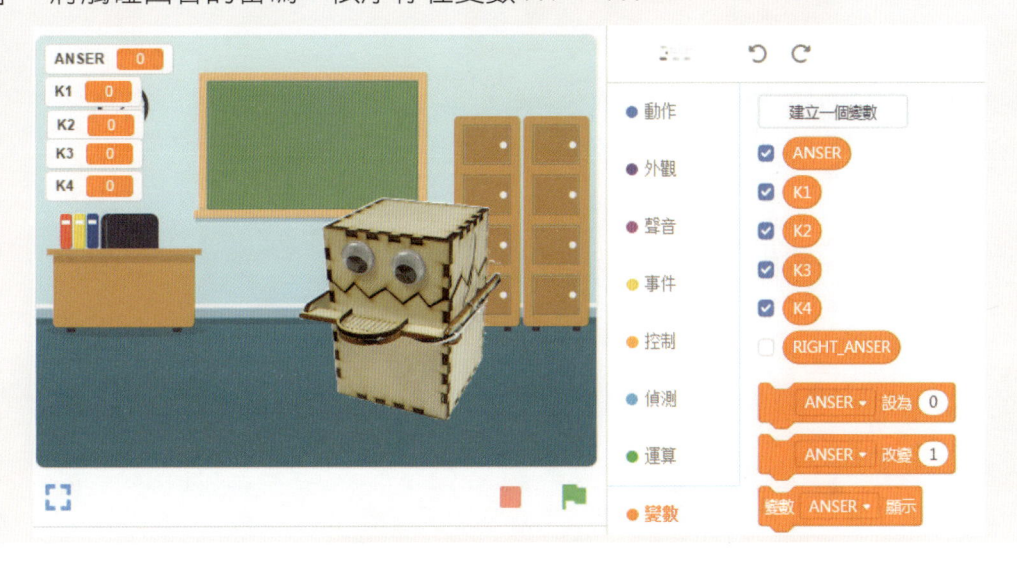

Step 3

設備：編輯神經元的程式，收到廣播「請回答」，判別哪一個觸碰開關被導通。例如紅色，則將變數 ANSER 設為 A，傳回給吃角子怪獸，依此類推，等待 0.6 秒避免連續回傳。

```
當收到訊息 請回答
重複直到 〈 ANSER = 0 〉 不成立
    如果 〈 觸摸開關 1 觸摸 紅色 ? 〉 那麼
        ANSER 設為 A

    如果 〈 觸摸開關 1 觸摸 黃色 ? 〉 那麼
        ANSER 設為 B

    如果 〈 觸摸開關 1 觸摸 藍色 ? 〉 那麼
        ANSER 設為 C

    如果 〈 觸摸開關 1 觸摸 綠色 ? 〉 那麼
        ANSER 設為 D

    等待 0.6 秒
```

Step 4

角色：編輯吃角子怪獸程式，因為主程式太長,這裡學習建立我的積木，也就是副程式結構，讓程式簡潔可讀性高。

❶ 「重置」定義初始狀態，造型、還有五個變數為0。

❷ 「判別」定義RIGHT_ANSER=4個輸入的密碼正確與否，決定廣播「密碼正確」或廣播「密碼錯誤」。

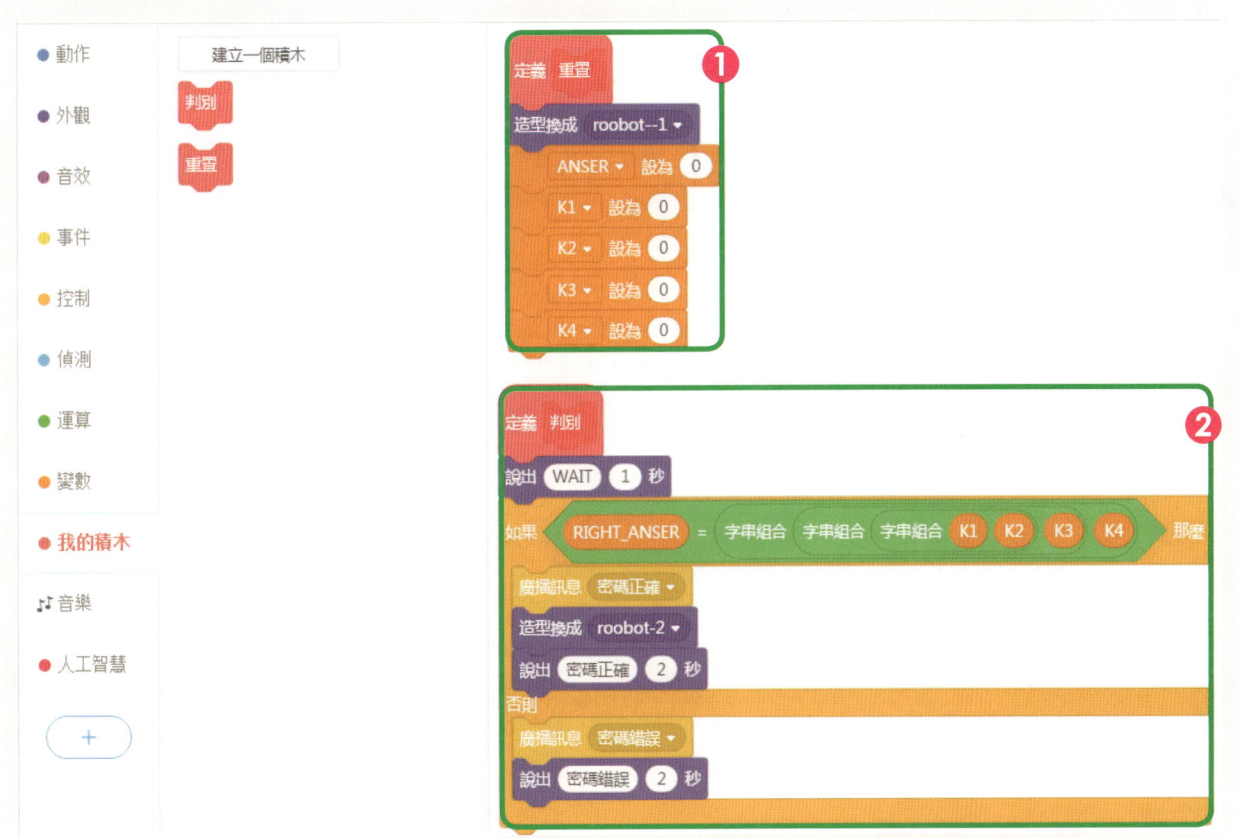

Step 5

設置當向上方向鍵被按下，吃角子怪獸會詢問輸入 ABCD 四個大寫的英文任意組合，將答案設為變數「RIGHT_ANSER」，當然這個功能鍵要保密，只有自己能設定密碼。

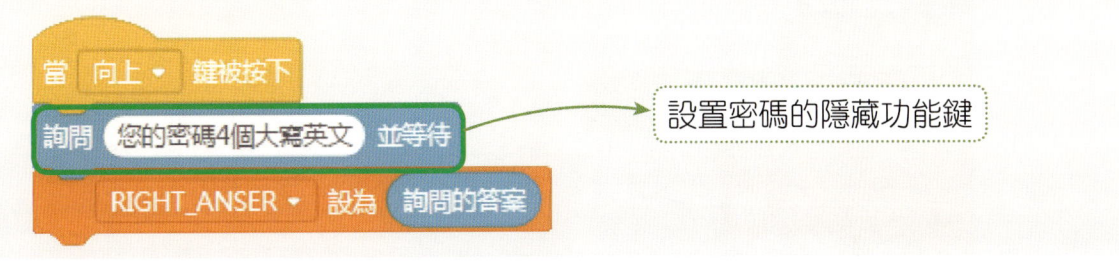

設置密碼的隱藏功能鍵

Step 6

角色：編輯吃角子怪獸主程式，首先「重置」，然後說出「第一個密碼」，廣播「請回答」給設備，等待 ANSER=0 不成立，很重要！程式停在這一直等到變數「ANSER」收到被觸碰訊號，傳回給變數「K1」，然後再將變數「ANSER」設為 0。讓程式能等待依序的輸入，以下類推依序「K2」、「K3」、「K4」讀取密碼值。

執行判別密碼的副程式

Step 7

① **設備**：編輯程式。
② 收到廣播「密碼正確」，開啟怪獸保險箱，LED 面板顯示愛心型。
③ 收到廣播「密碼錯誤」，則 LED 面板顯示哭臉，蜂鳴器警報 1 秒。
④ 綠旗被點按時，設備也重置，闔上怪獸保險箱，清除 LED 面板。

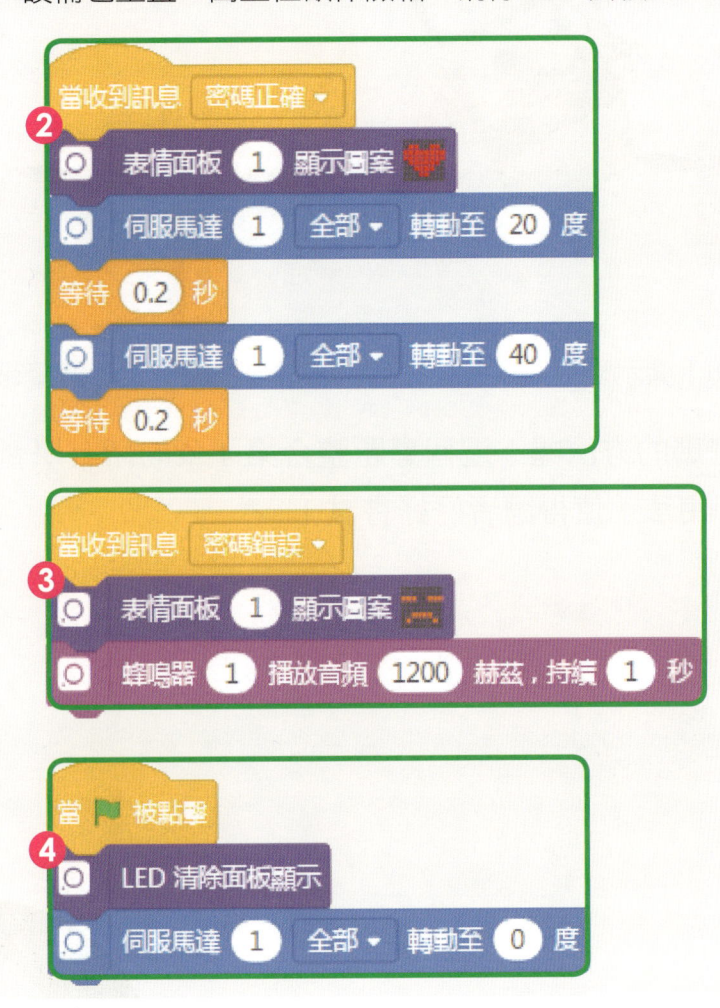

Step 8

另存專題新檔：怪獸保險箱。

點按綠旗執行，依照螢幕指示，依序分別以地線觸碰 A、B、C、D 的訊號輸入密碼，可以開啟保險箱嗎？

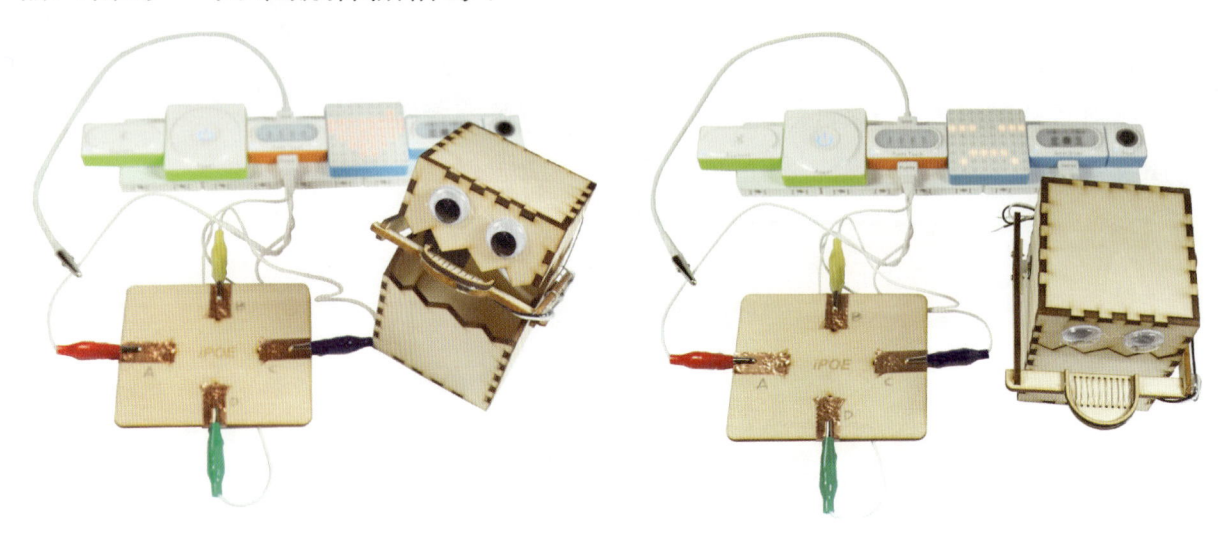

密碼正確，開啟成功！顯示愛心！　　　　　密碼錯誤！顯示哭臉與警報聲

別忘了重設密碼的方法喔！這個專題整合第 4 章的所有學習，另外又學習副程式「我的積木」用法，值得讀者好好嘗試！

Chapter 4　實作題

・創客指標・

外形 (專業)	機構	電控	程式	通訊	人工智慧	創客總數
1	1	1	2	1	0	6

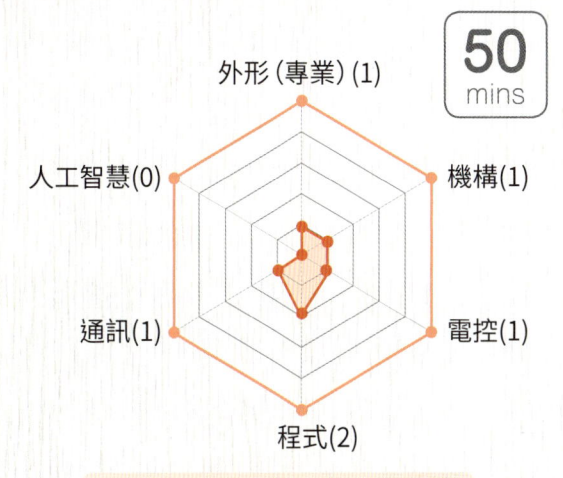

50 mins

創客題目編號：A022004

🎵 題目名稱
設計飛安警報器

🎵 題目說明
請參照 4-3 專題：模擬飛行，修改與設計程式，完成目標的舞台情境。目標：
1. 當飛機機翼左或右側傾斜角度超過 30 度，發出飛安警報（使用蜂鳴器）。
2. 當警報持續 3 秒鐘沒有調整回安全角度，螢幕舞台的飛機出現下墜場景與警報聲，並顯示「GAME OVER ！」。

Chapter 5

mBlock 5 人工智慧 AI 與神經元 Neuron

　　人工智慧 AI 與機器深度學習，是現在與未來最熱門的話題，Google、微軟、亞馬遜等世界級公司都投入大量經費與人力開發，對於人類未來的科技發展甚具潛力，值得每個人深入學習。

　　mBlock 5 程式提供擴展程式人工智慧（Artificial Intelligence, AI），能夠執行類似人類的辨識功能，例如語音辨識，及依照形象（攝影鏡頭）辨識人類的情緒，這些複雜的功能，藉由電腦的攝影機與麥克風，透過網路與演算引擎的連接，提供演算的辨識結果。本單元使用二個專題來結合神經元模組應用。（使用人工智慧 AI 擴展功能要登錄帳號與網路連線才能執行）

5-1　mBlock 5 增加 AI（人工智慧）功能

Step 1

角色：點按積木區最下方的「＋」按鈕。

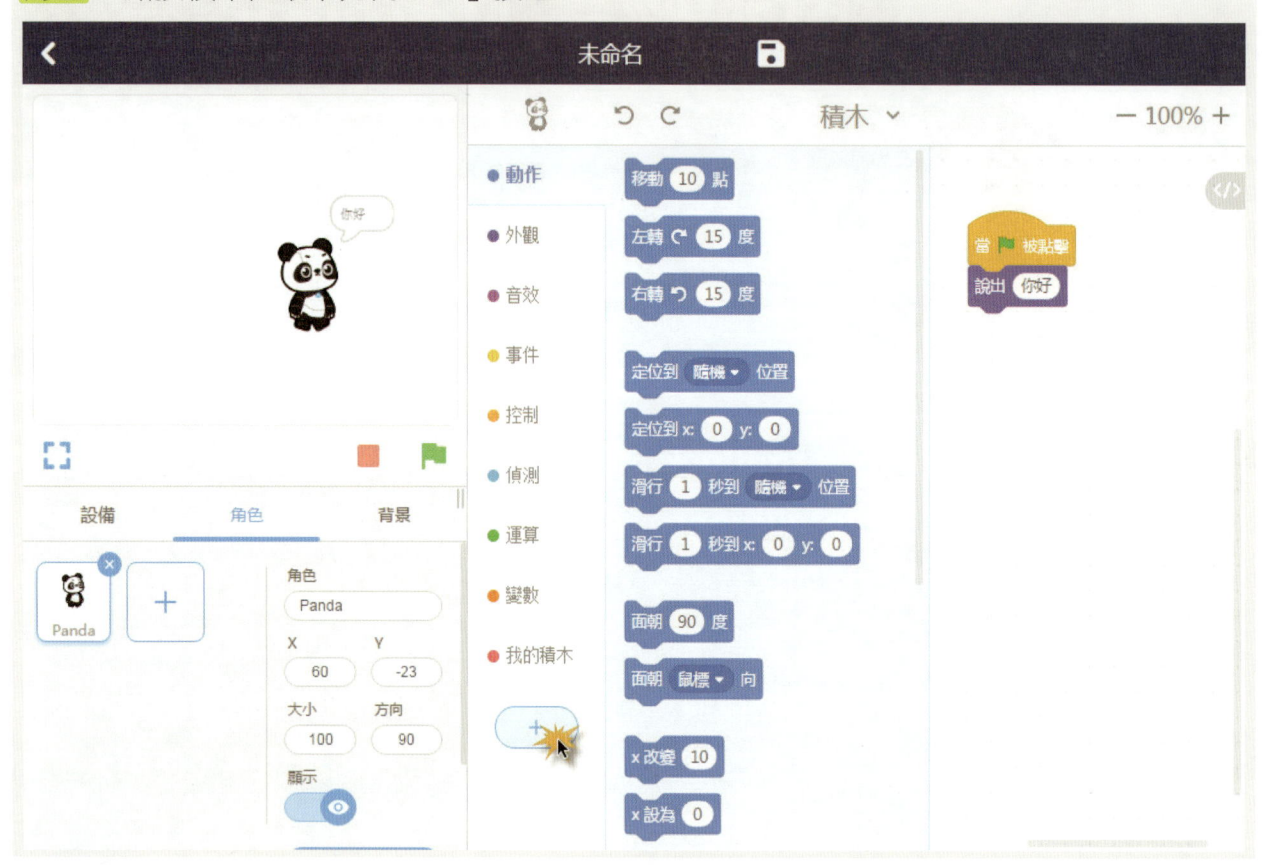

Step 2

在彈出的「擴展中心」頁面，選擇「認知服務」功能，點按「＋」就可以了。

Step 3

返回主頁面，會發現程式積木區多了一種類別：人工智慧。

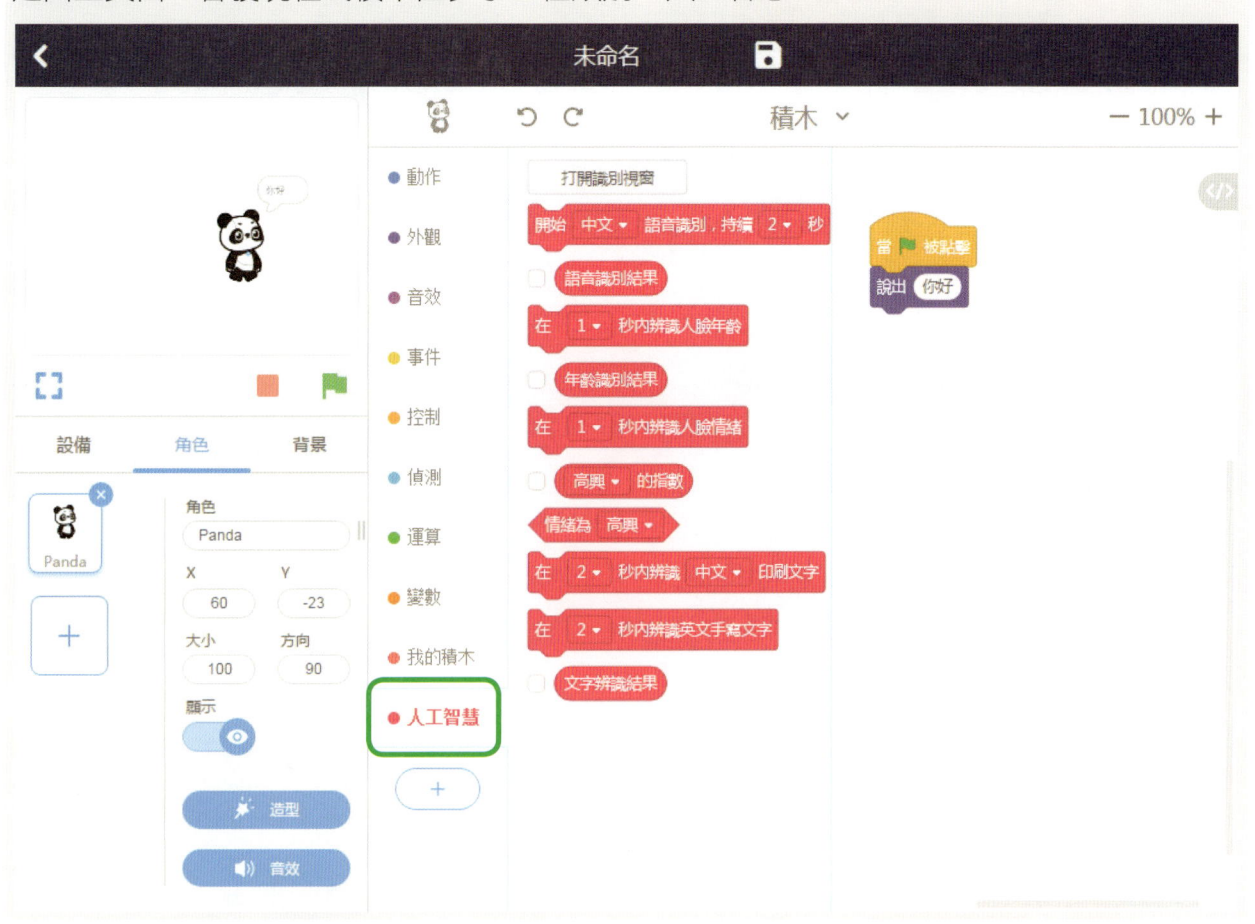

與人工智慧相關的認知服務積木如下：

AI	積木	功能
語音	開始 中文▼ 語音識別，持續 2▼ 秒（中文／英文／法文／德文／義大利文／西班牙文）	可以辨識中文、英文、法文、德文、義大利文、西班牙文等語音識別，時間持續 2 秒、5 秒或 10 秒
	語音識別結果	傳回語音辨識結果，可以做為變數比對用

AI	積木	功能
年齡	在 1▼ 秒內辨識人臉年齡（1/2/3）	在 1～3 秒內辨識人臉年齡
	年齡識別結果	傳回年齡辨識結果
	在 1▼ 秒內辨識人臉情緒（1/2/3）	在 1～3 秒內辨識人臉情緒
情緒	高興▼ 的指數（高興/平靜/驚訝/悲傷/生氣/輕視/厭惡/恐懼）	傳回人臉辨識情緒結果的指數
	情緒為 高興▼（高興/平靜/驚訝/悲傷/生氣/輕視/厭惡/恐懼）	邏輯判斷情緒為「高興」等為「真」與「否」

AI	積木	功能
文字	在 2▼ 秒內辨識 中文▼ 印刷文字（選項：中文、英文、法文、德文、義大利文、西班牙文）	在2秒、5秒或10秒內辨識中文、英文、法文、德文、義大利文、西班牙文等印刷字體
	在 2▼ 秒內辨識英文手寫文字（選項：2、5、10）	在2秒、5秒或10秒內辨識英文手寫字體
	文字辨識結果	傳回文字辨識結果

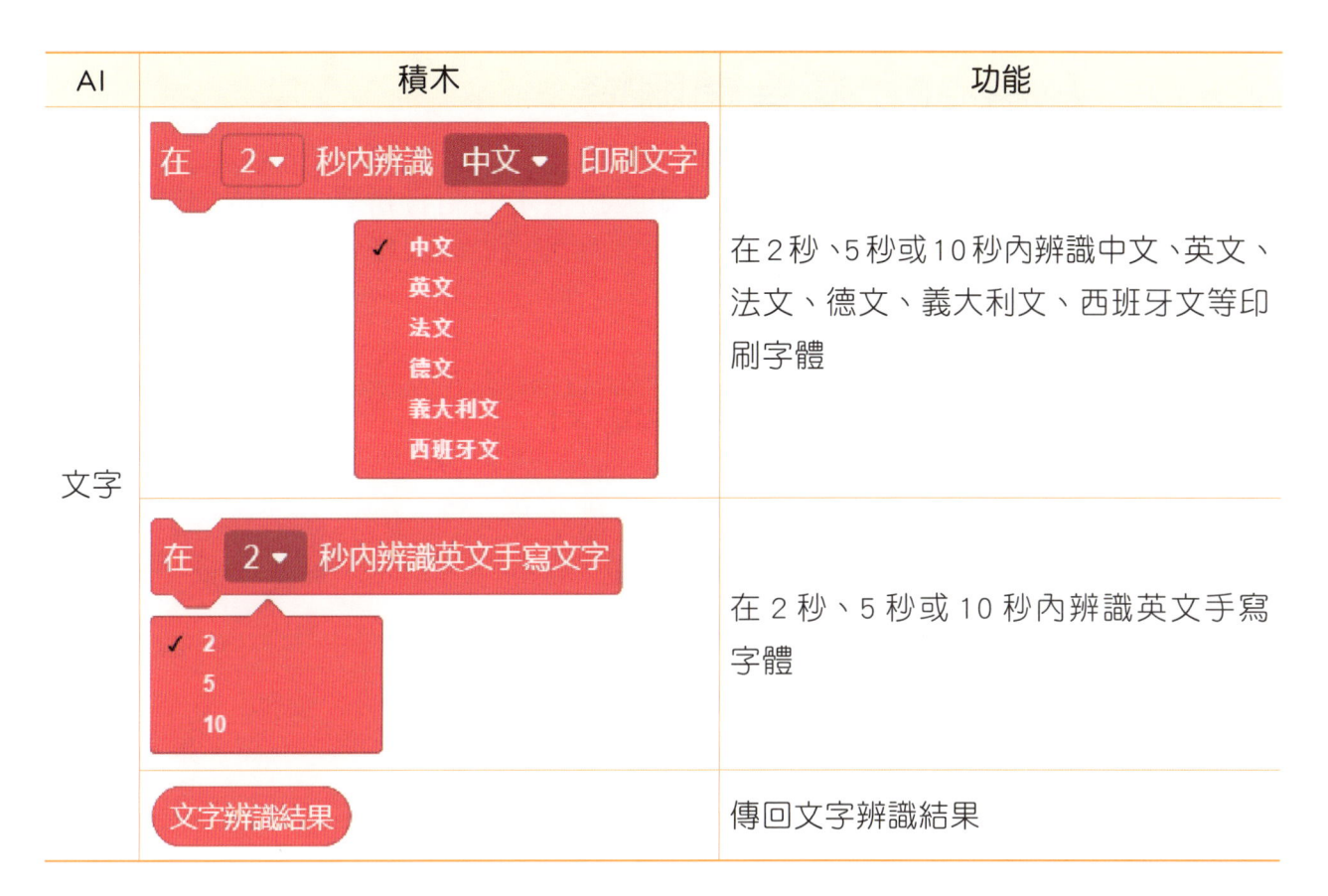

　　透過影像與語音的人工智慧演算引擎，傳回辨識結果。除了情緒與年齡比較不客觀，辨識結果可以當作趣味體驗之外，語音與文字辨識確實可以作為程式控制使用。

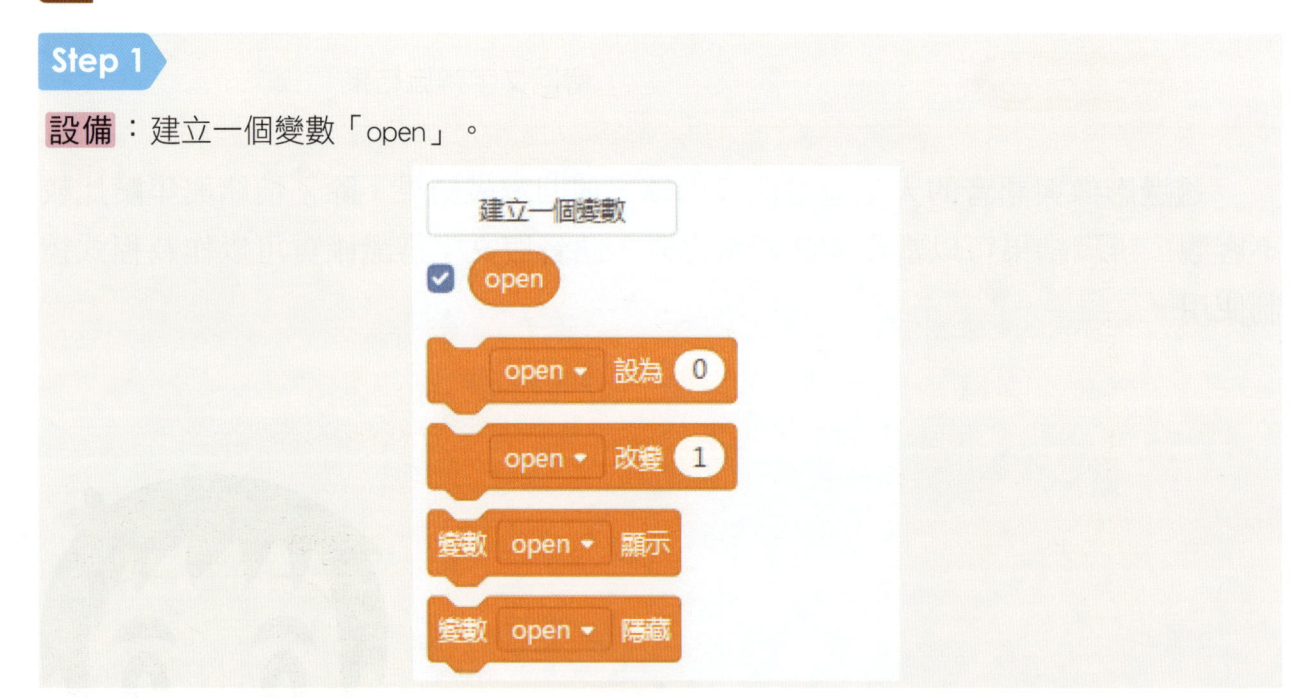

5-2　專題 20：語音開關燈

使用 mBlock 5 人工智慧相關的認知服務積木的語音辨識，開啟與關閉神經元面板的 LED 燈。

一　材料清單

藍牙模組 ×1	電源供應模組 ×1	LED 面板 ×1

二　程式設計

Step 1

設備：建立一個變數「open」。

Step 2

背景：選擇室內場景。

Step 3

① 背景：編輯程式。
② 初始設定亮度為 -40。
③ 如果變數「open」=1，設定亮度為 0。
④ 如果變數「open」=0，設定亮度為 -40，背景變暗。

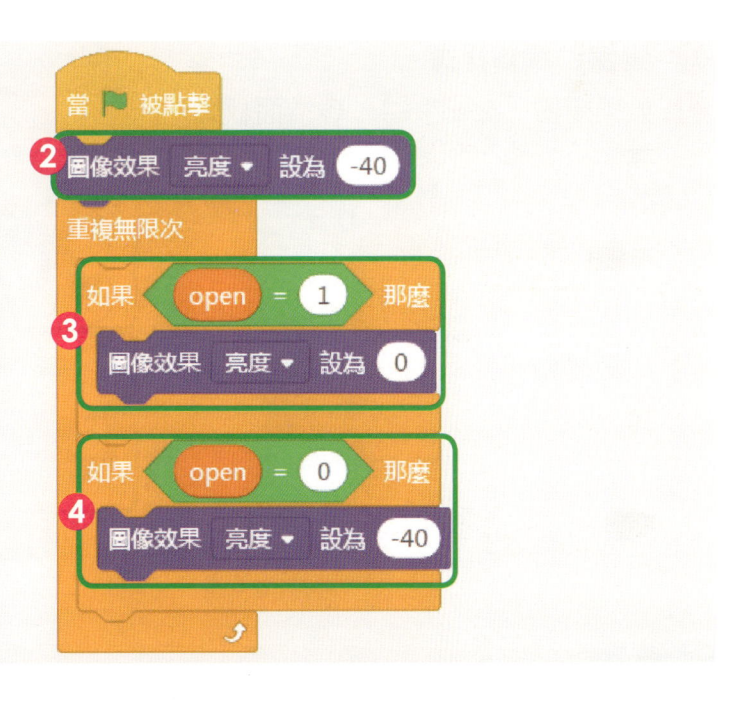

Step 4

1. 角色：編輯熊貓程式。
2. 綠旗被點按，先設變數「open」=0。
3. 當空白鍵被按下，開始「英文」語音辨識 2 秒。
4. 如果「語音辨識結果」=「Open」，將變數「open」設為 1。
5. 如果「語音辨識結果」=「Close」，將變數「open」設為 0。
6. 依據筆者測試，如果選用中文語音辨識，「語音辨識結果」會出現簡體字結果，作為邏輯判斷可能有誤，因此選用「英文」語音辨識，英文單字開頭會辨識為大寫，所以需要先測試再調整。

Step 5

1. 設備：編輯程式。
2. 如果變數「open」=1，表情面板點亮。
3. 如果變數「open」=0，LED 面板清除。

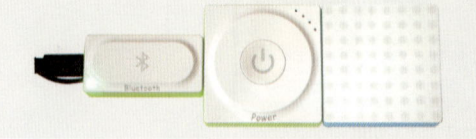

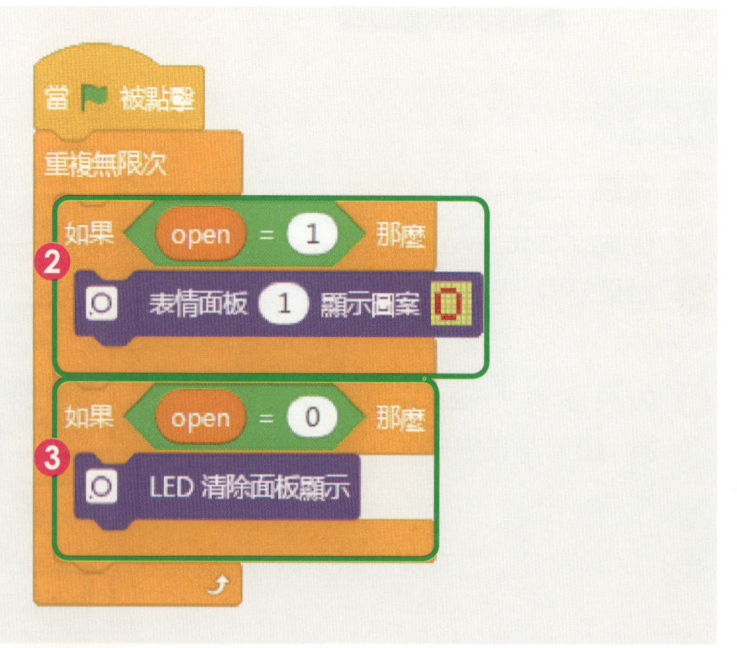

Step 6

儲存專題：語音開關燈。

點按綠旗執行，開啟電腦的 WebCam 與麥克風，開始時背景是暗的，按下空白鍵開始語音辨識。

1. 「語音辨識結果」=「Open」，將變數「open」設為 1；場景變亮，神經元 LED 面板點亮。
2. 「語音辨識結果」=「Close」，將變數「open」設為 0；場景變暗，LED 面板清除。

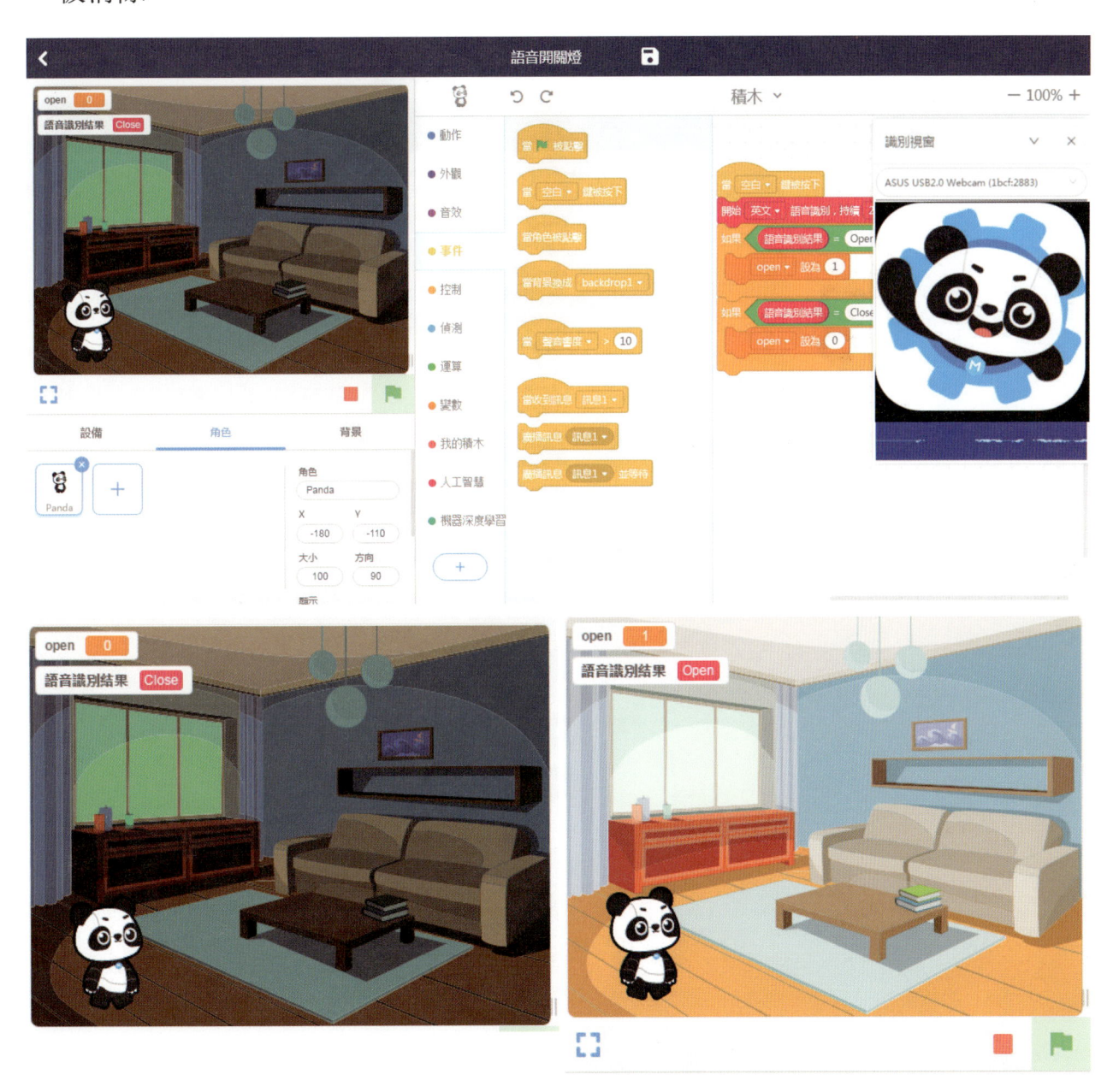

讀者可以繼續延伸，利用語音來控制 mBlcok 的角色與神經元各種輸出模組，會有更多有趣的創意應用。

5-3　mBlock 5 機器深度學習

「機器深度學習」使用電腦連線攝影機認知圖形，透過圖片記錄你的姿勢，讓電腦能學習判別什麼是「剪刀」、「石頭」和「布」。以此例子來設計一個猜拳遊戲。

Step 1

增加「機器深度學習」擴展功能，在 角色 下，點按積木區最下方的「＋」按鈕。

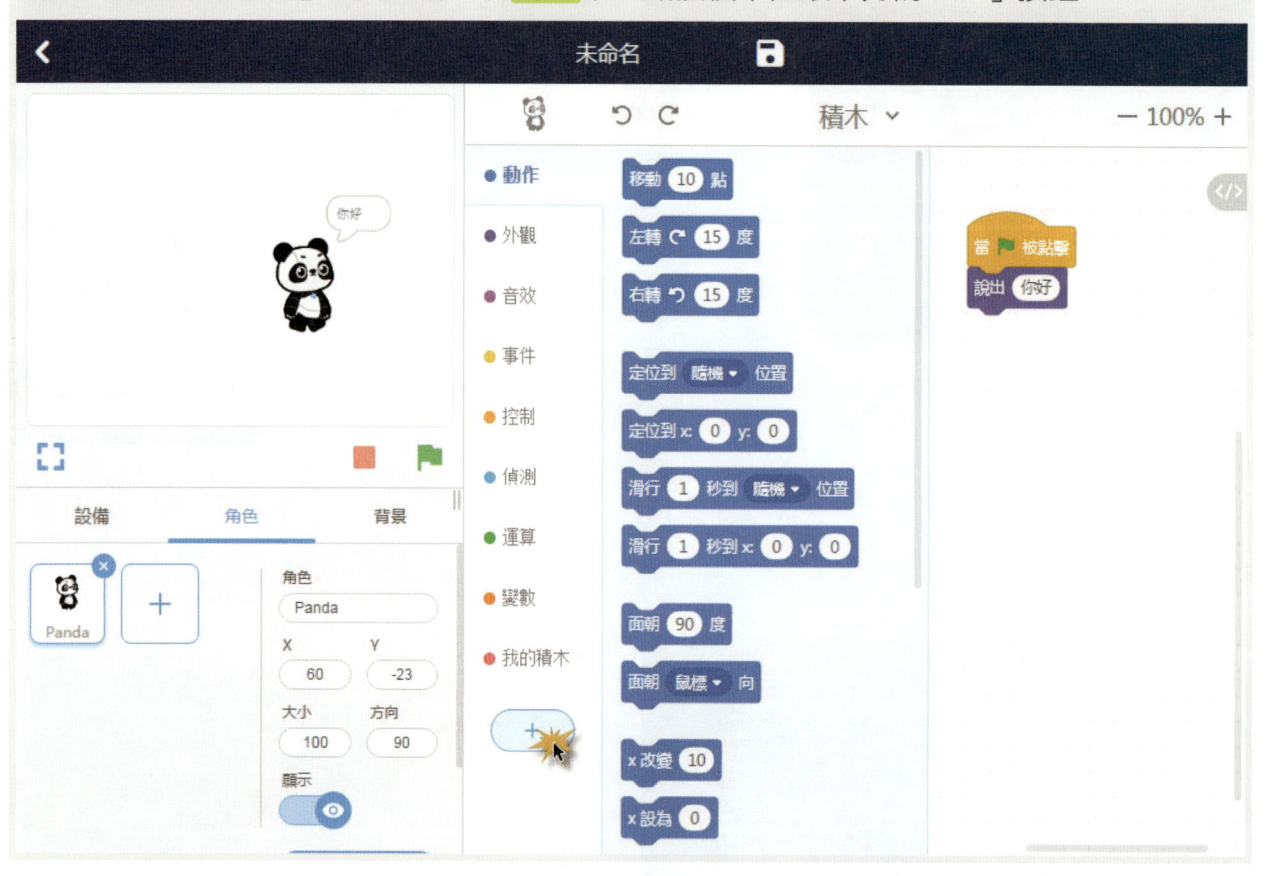

Step 2

在彈出的「擴展中心」頁面，選擇「機器學習」功能，點按「+」就可以了。

Step 3

在積木區多了「機器深度學習」積木。

Step 4

打開訓練模型。

Step 5

選擇學習項目 =3，筆者將 WebCam 另外架設在白幕前，讓訓練單純化，接著開始在分類項目上，比「布」的各種角度，並且點按學習，多一些紀錄，讓電腦更容易判斷。接著依序訓練學習分類的「石頭」、「剪刀」，最後任意比手勢都能判別後，按「使用模型」。

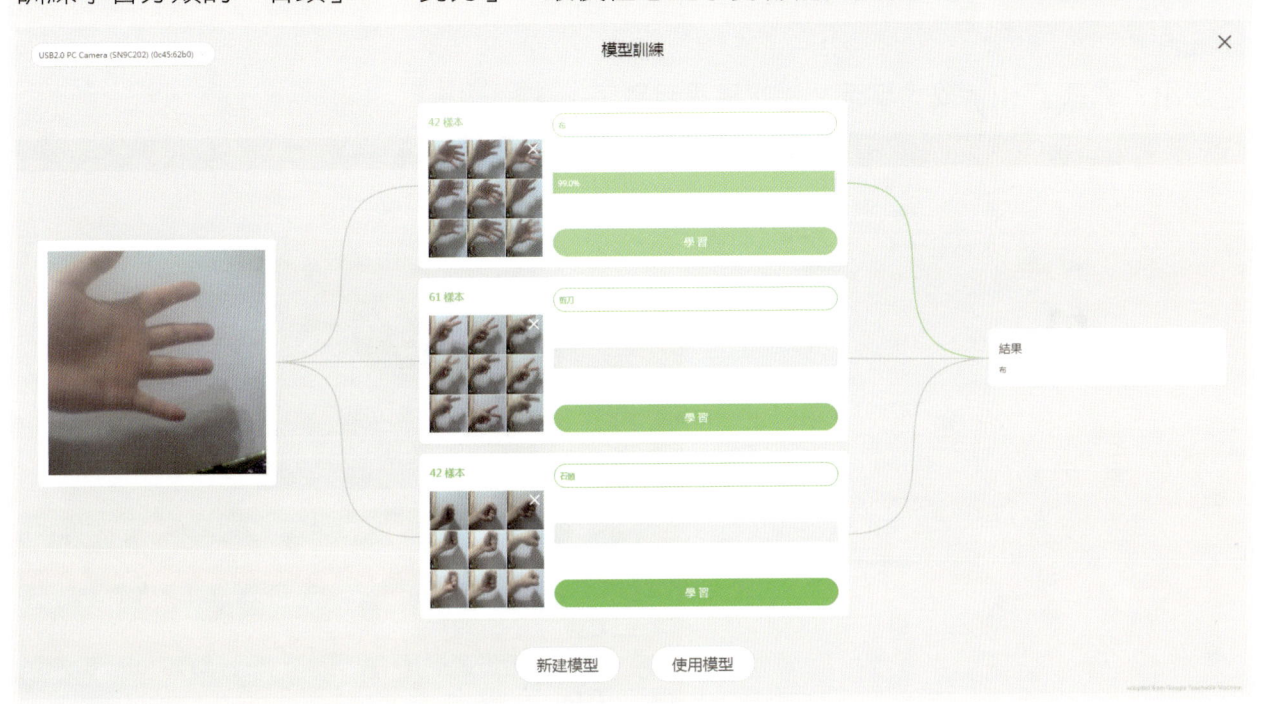

Step 6

設計程式：按空白鍵啟動判別視窗與程式，建立一個變數「熊貓出」，使用隨機取數從 1 到 3，讓隨機數 =1 時，變數「熊貓出」設為「剪刀」；隨機數 =2 時，變數「熊貓出」設為「石頭」；隨機數 =3 時，變數「熊貓出」設為「布」。

判別輸贏或平手的判別式

Step 7

開始判別比出的手勢，三個判別式分別比對「熊貓出」與「讀者」出的拳，比對誰是贏家或是平手。

Step 8

並說出「你贏了!!!」或「平手」，或是「我贏了」。

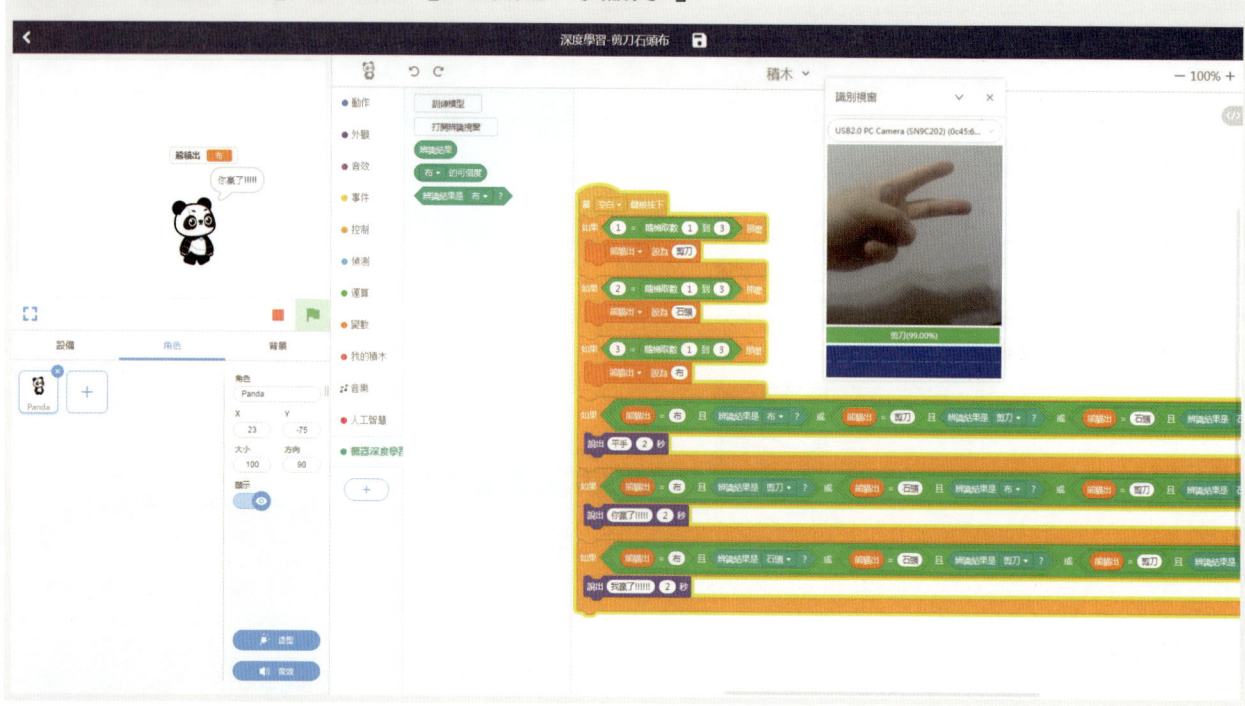

Step 9

儲存檔案：深度學習 - 剪刀石頭布。

這個程式可以自行修改，記錄猜拳二十次後，誰的勝率比較高？另外也可以繼續探討新的議題，例如交通號誌辨識，或者設計圖案紙卡來控制神經元模組等，留待讀者繼續深入探討。

Chapter 5　實作題

創客指標

外形 (專業)	機構	電控	程式	通訊	人工智慧	創客總數
3	1	1	2	1	2	10

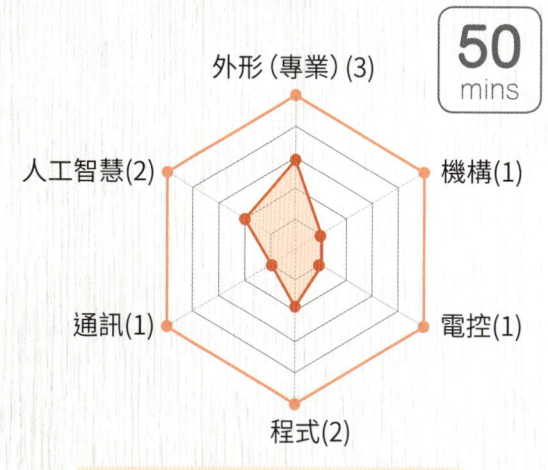

50 mins

創客題目編號：A022005

🎵 題目名稱

製作智慧木屋

🎵 題目說明

請應用本單元人工智慧 AI 的功能，設計以語音控制的智慧木屋，開啟與關閉 LED 面板燈、鎖門與開門、防盜警鈴等情境。

1. 雷切圖檔

圖檔	智慧木屋 .dxf

2. 材料清單

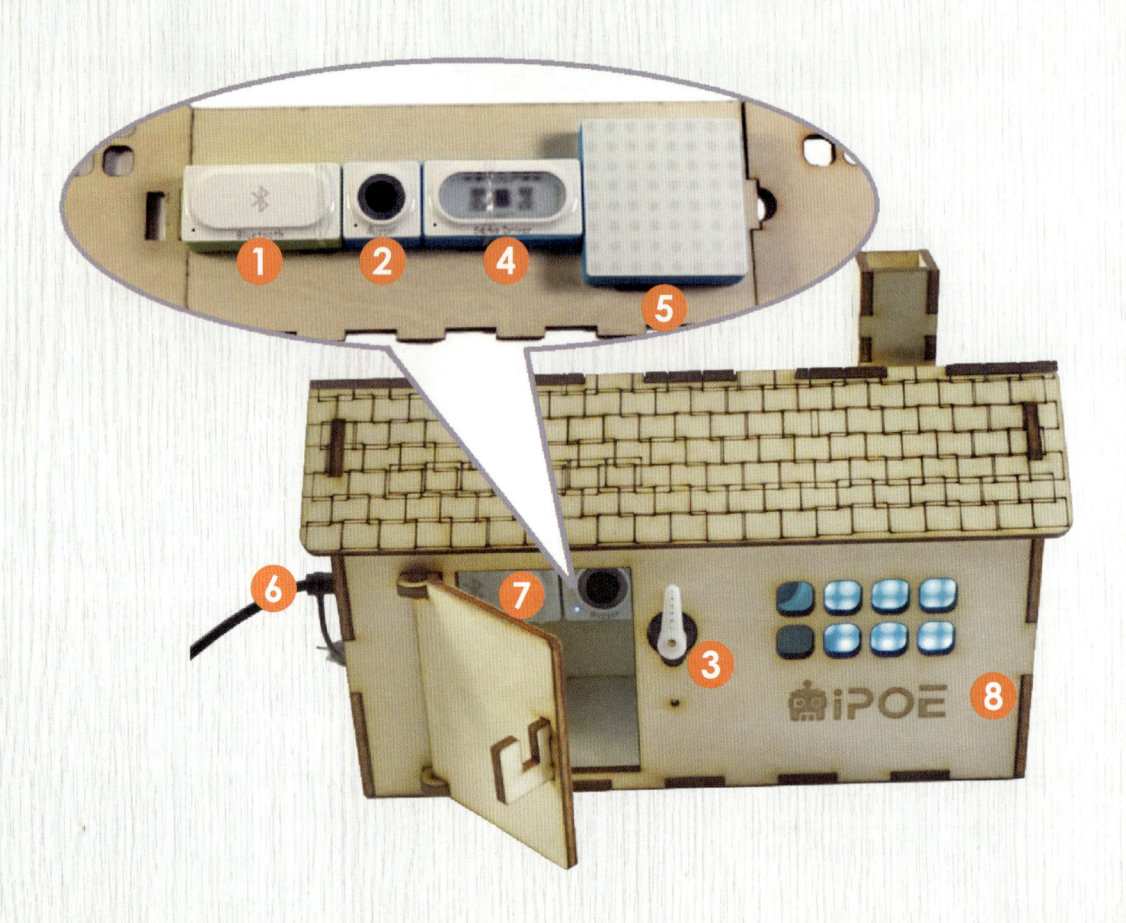

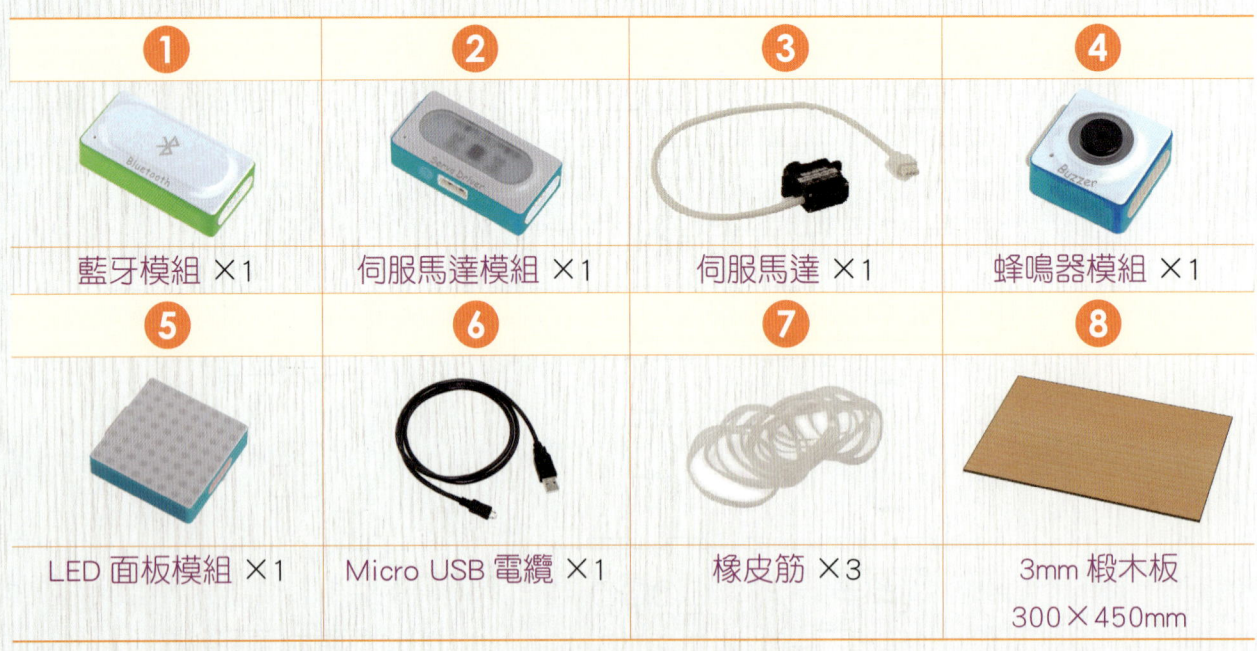

❶	❷	❸	❹
藍牙模組 ×1	伺服馬達模組 ×1	伺服馬達 ×1	蜂鳴器模組 ×1
❺	❻	❼	❽
LED 面板模組 ×1	Micro USB 電纜 ×1	橡皮筋 ×3	3mm 椴木板 300×450mm

3. 製作過程

Step 1

將藍牙模組、蜂鳴器、伺服機驅動模組與 LED 面板，以橡皮筋固定在背板上。

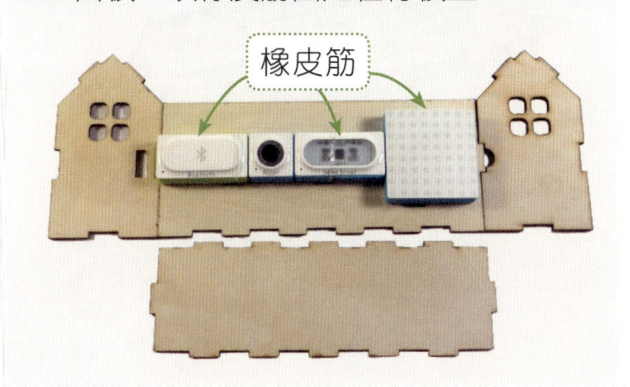

Step 2

組裝兩側與底板。

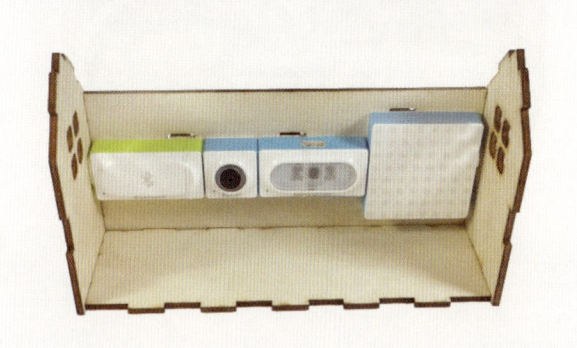

Step 3

組裝大門與樞紐、門把手。

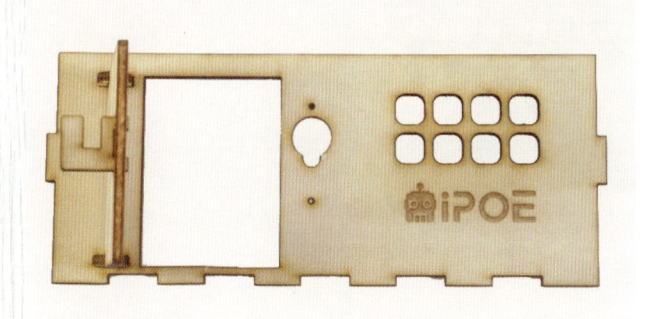

Step 4

裝上角度舵機，將訊號線插在伺服機驅動模組。請確定舵機逆時針轉到盡頭，再插上舵機驅動臂。

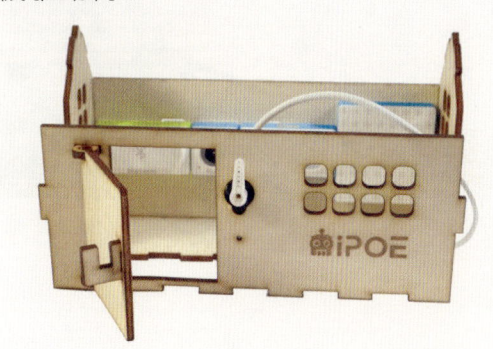

Step 5

組裝木屋四面牆結構完成。

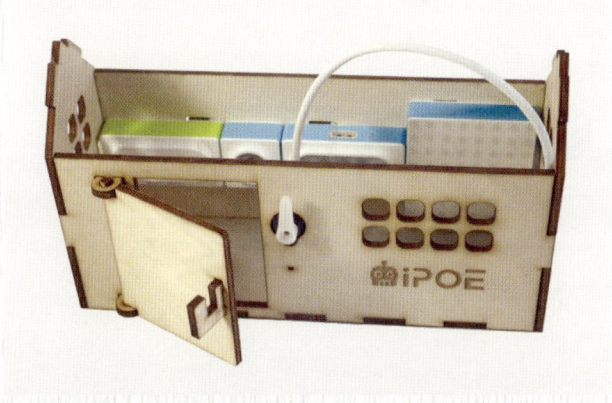

Step 6

組裝煙囪，因為雷切無法切斜面，煙囪底面請用美工刀修整出斜面以貼齊屋頂。

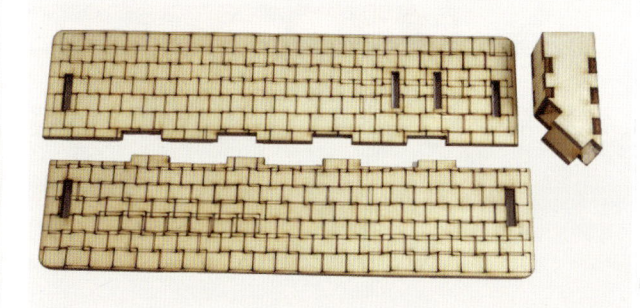

Step 7

蓋上後屋頂與煙囪。

Step 8

組裝前屋頂，模型完成。

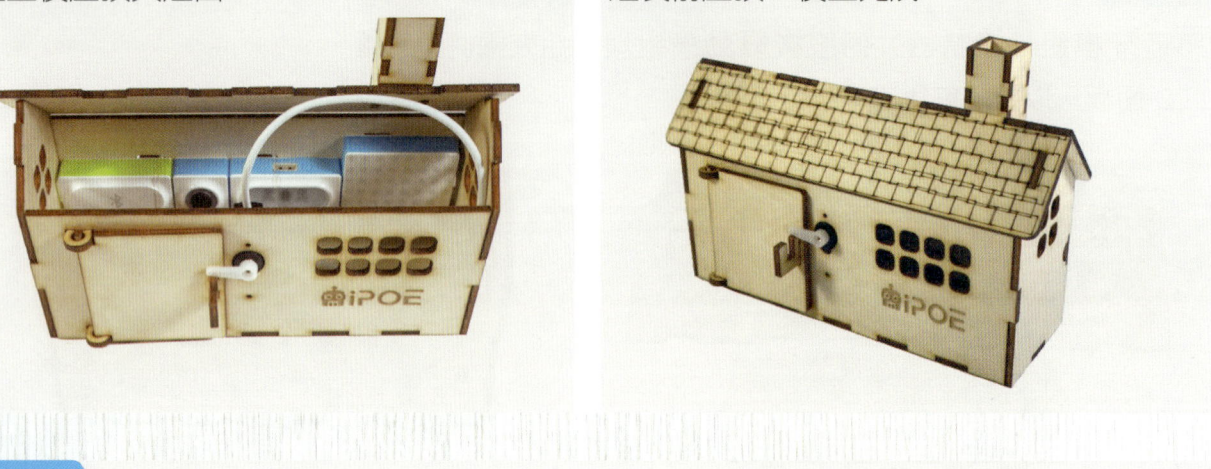

Step 9

插上 USB 電纜線與電腦連接，準備完成。

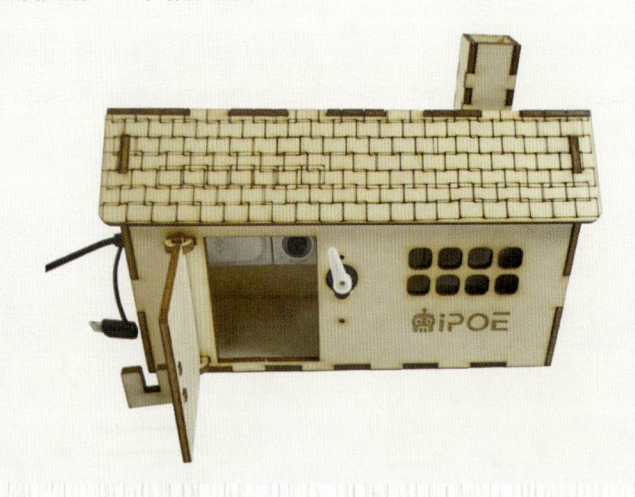

4. 程式設計

請參考 5-2 專題 20：語音開關燈，設計以下的語音控制程式。

(1) 開啟大門 `伺服馬達 1 全部▼ 轉動至 90 度` 、關門 `伺服馬達 1 全部▼ 轉動至 0 度`

(2) 警報 `蜂鳴器 1 播放音調 C7▼ 持續 2 拍`

(3) 開燈 `表情面板 1 顯示圖案` 、關燈 `LED 清除面板顯示`

附錄

附-1 神經元 Neuron 擴充模組

一 前言

　　Neuron 神經元磁吸電控模組還有其他應用模組，其中創意實驗室 Neuron Creative Lab Kit 是神經元平台下功能最強大、模塊最豐富的產品，包含三十種不同的電子模塊，預置超過一百種互動效果。不僅同時支持神經元 Neuron App 和 mBlock5 兩大編程軟體，而且可以實現 AI、IoT 和機器深度學習等前端科技功能，引領 STEAM 教育發展。

　　創意實驗室套件一樣支援離線和連線程式編輯兩種模式，並可以選擇連線式編程軟體神經元 Neuron App，或者圖形化編程軟體 mBlock 5，可適應各個年齡層使用者的需求。這些模組可以視本身的需要額外增購，以豐富專題的應用範圍。

二 神經元 Neuron 創意實驗室（Neuron Creative Lab Kit）介紹

神經元 Neuron 創意實驗室（Neuron Creative Lab Kit）套件有非常豐富的各種輸入與輸出模組，以下就筆者使用過的部分作簡介：

電源供應模組 ×1	藍牙模組 ×1	搖桿模組 ×1	按鈕模組 ×1
右邊 Micro USB 孔為充電用	與 iPad 平板通訊。左方 Micro USB 可做為連接電腦 USB 有線通訊與供應 5V 電力用	XY 軸向的輸入訊號，範圍 X：100～X100；Y：100～Y100	按鈕輸入訊號
旋鈕模組 ×1	觸碰開關（四控）×1	光線感測器模組 ×1	雙路紅外開關模組 ×1
類比訊號輸入，範圍 0～100		光照度感測，範圍 0～100	2 路數位循跡感測
超音波感測器模組 ×1	聲音感測器模組 ×1	人體紅外線感測器模組 ×1	RGB 燈模組 ×1
超音波測距感測器	聲音響度感測	人體紅外線感測，數位訊號	3 色混光 RGB LED
蜂鳴器模組 ×1	無線傳輸接收組合包 ×1	色彩識別模組 ×1	陀螺儀模組 ×1
輸出聲音	無線發射與無線接收模組	顏色辨識	可偵測左右滾轉、前後俯仰、搖晃震動、3軸加速度等運動訊號

溫度感測器模組 ×1	溫濕度感測器模組 ×1	土壤濕度感測器模組 ×1	雙電機驅動模組 ×1
溫度感測器，可以測水溫	溫度與濕度感測器	土壤濕度感測器，類比訊號 0～100	2 路驅動專用直流馬達
直流電機包 ×2	水泵包 ×1	雙舵機驅動模組 ×1	小舵機組建包 ×2
		角度舵機（伺服馬達）模組，可連接 2 顆舵機	角度舵機（伺服馬達）
LED 面板模組 ×1	LCD 顯示器模組 ×1	WiFi 模組 ×1	攝影機模組 ×1
8X8LED 矩陣，顯示 RGB 顏色變化與光點組成的符號表情等		無線連接網路	連續攝影，需連接 WiFi 無線網路模組
揚聲器模組 ×1	磁吸連接線（10cm）×3	磁吸連接線（20cm）×3	USB 數據線（20cm）×2
錄音與播放模組	讓神經元模組間可以撓性連接，造型更有彈性	讓神經元模組間可以撓性連接，造型更有彈性	充電用；如要做 USB 有線連接電腦，請採用 1 公尺長的 Micro USB 電纜，以免牽絆住模組的組裝

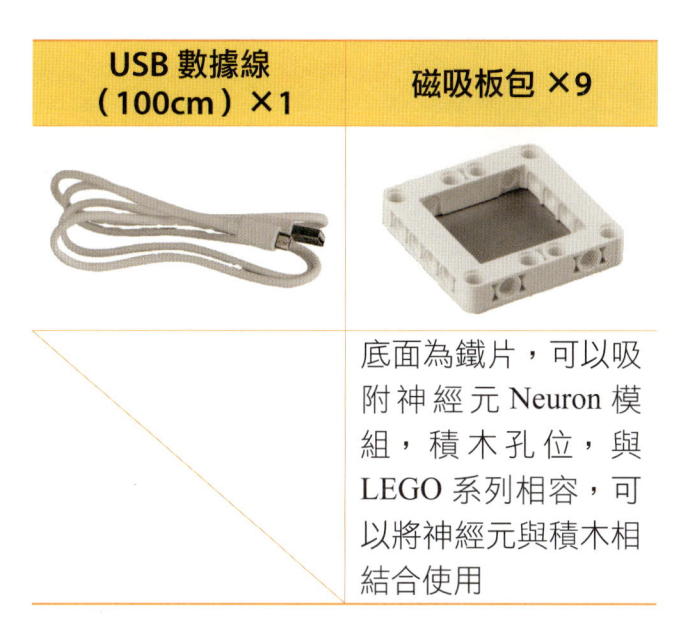

USB 數據線 （100cm）×1	磁吸板包 ×9
	底面為鐵片，可以吸附神經元 Neuron 模組，積木孔位，與 LEGO 系列相容，可以將神經元與積木相結合使用

三 神經元 Neuron 創意專題構思與實現

使用神經元平台，完全不用煩惱電子電路的門檻，可以依照自己的設計構思，以輕鬆的方式實現。由於神經元各種模組均可分別選購；因此可以先有情境構想或發掘問題點，再找相對應的模組去解決問題。以下舉例幾個創意專題的構想與對應的問題解決方法，找尋相對應的資源與模組做問題解決與創意實現。

● **創意專題：盆栽自動澆水器**

當盆栽太乾燥時能提醒我們趕快澆水，如果可以自動澆水會更好。

Step 1

使用土壤溼度感測器，直流馬達驅動水泵、蜂鳴器。

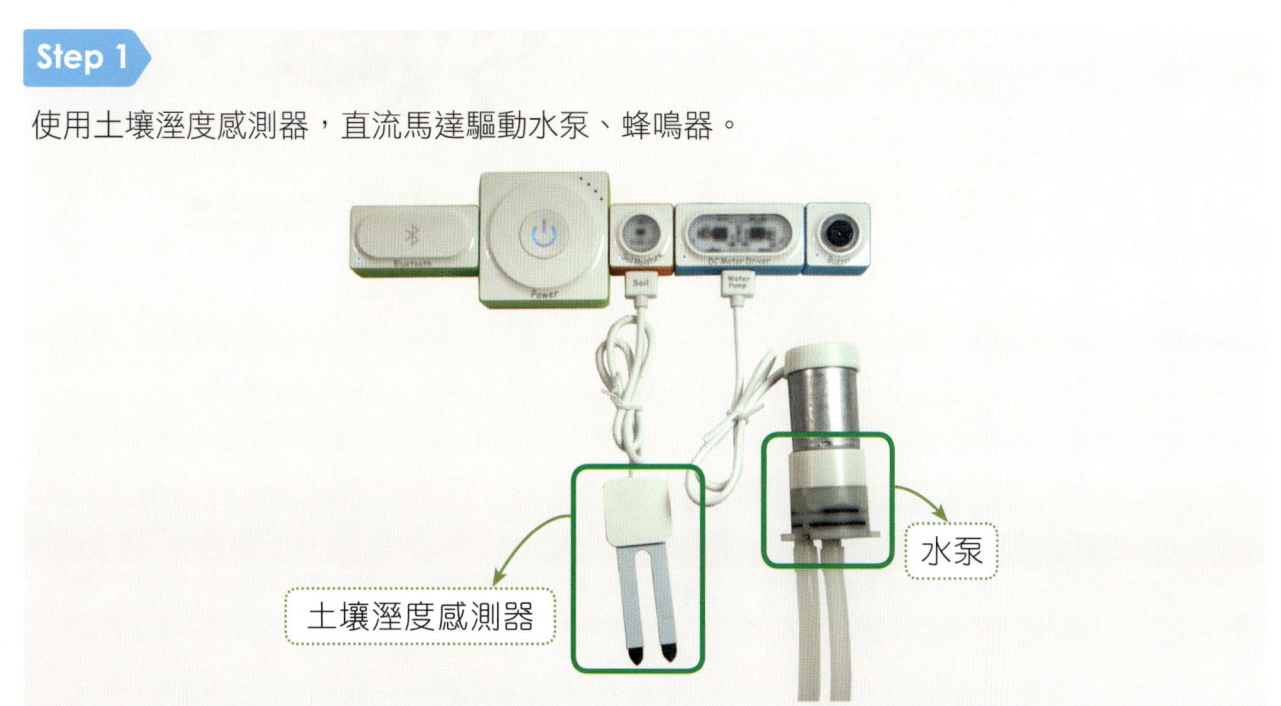

土壤溼度感測器

水泵

Step 2

使用 Neuron App,當土壤濕度小於 20,啟動水泵澆水;濕度大於 20 則停止水泵。

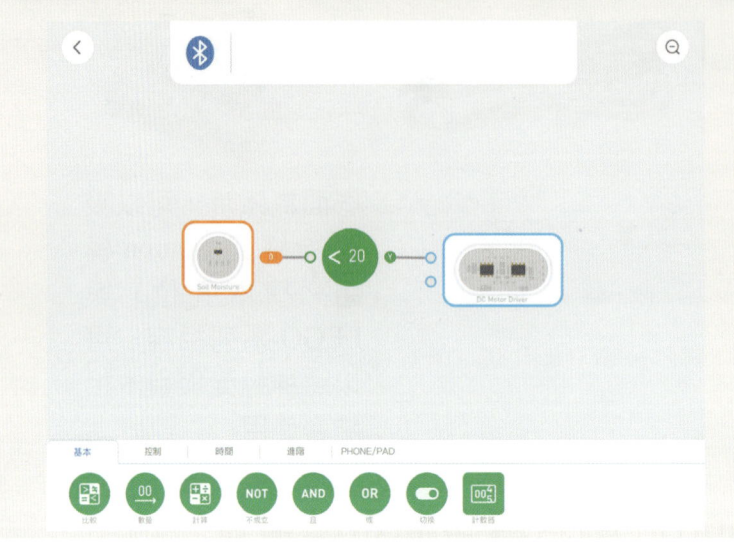

Step 3

萬一水泵沒有作用,當土壤濕度小於 10,啟動蜂鳴器。

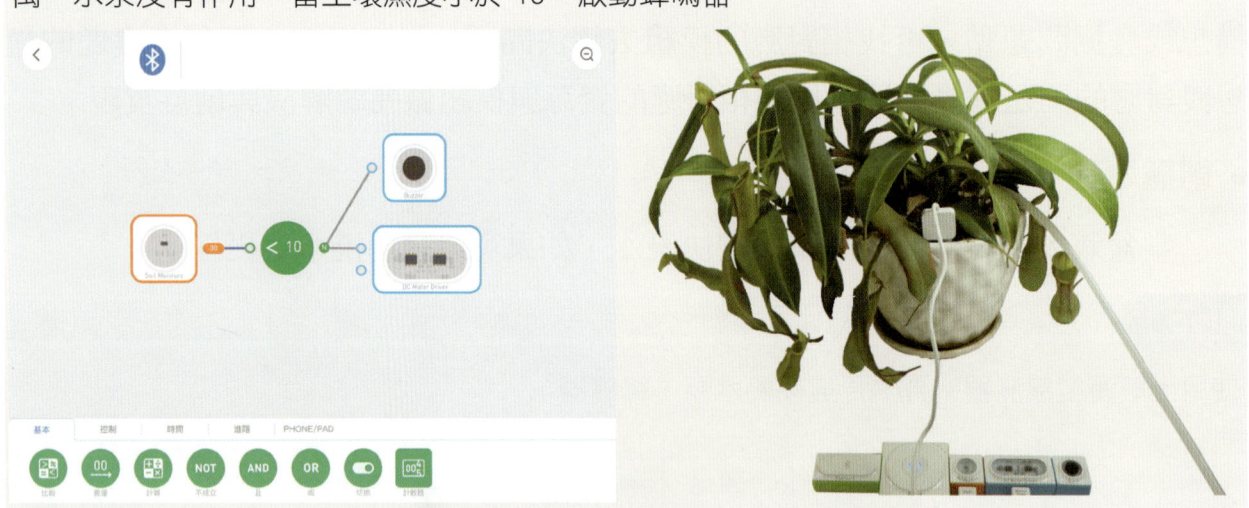

Step 4

還可以嘗試使用 WiFi 模組,使用手機或平板遠距偵測盆栽水份,想想看如何做。

● 創意專題：自動曬衣機

當天色轉暗或空氣中濕度太高，可能要下雨，把曬的衣服收起來。

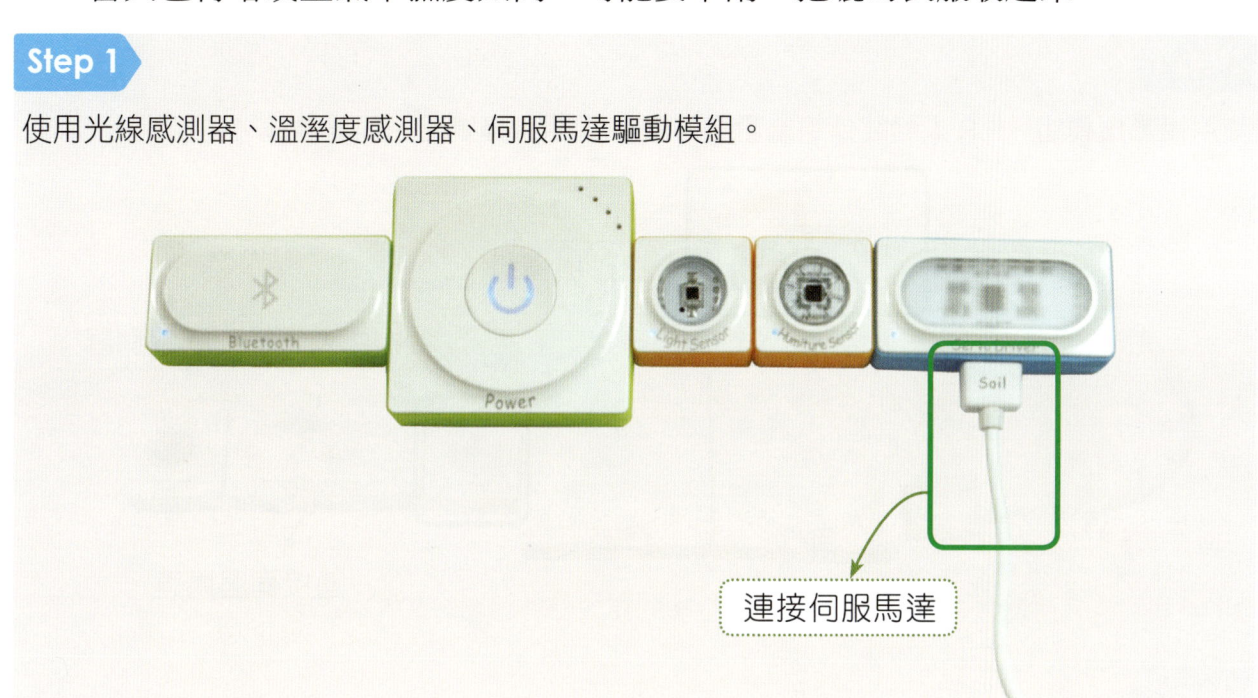

Step 1

使用光線感測器、溫溼度感測器、伺服馬達驅動模組。

連接伺服馬達

Step 2

使用 Neuron App，當空氣濕度大於 85 或光線感測小於 30，都啟動伺服馬達將衣服收起。

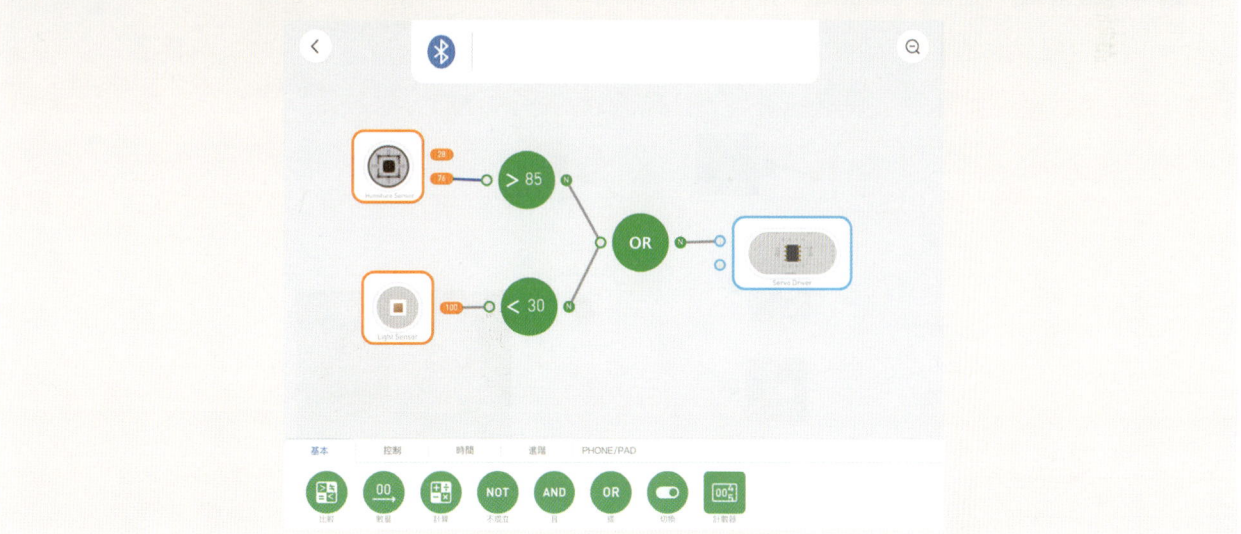

● 創意專題：居家安全守護者

當有人接近自己家門口徘徊，發出通知讓自己知道與決定處置方式。

Step 1

使用攝影機模組、PIR 人體紅外線感測器、WiFi 模組、蜂鳴器、伺服馬達驅動模組。

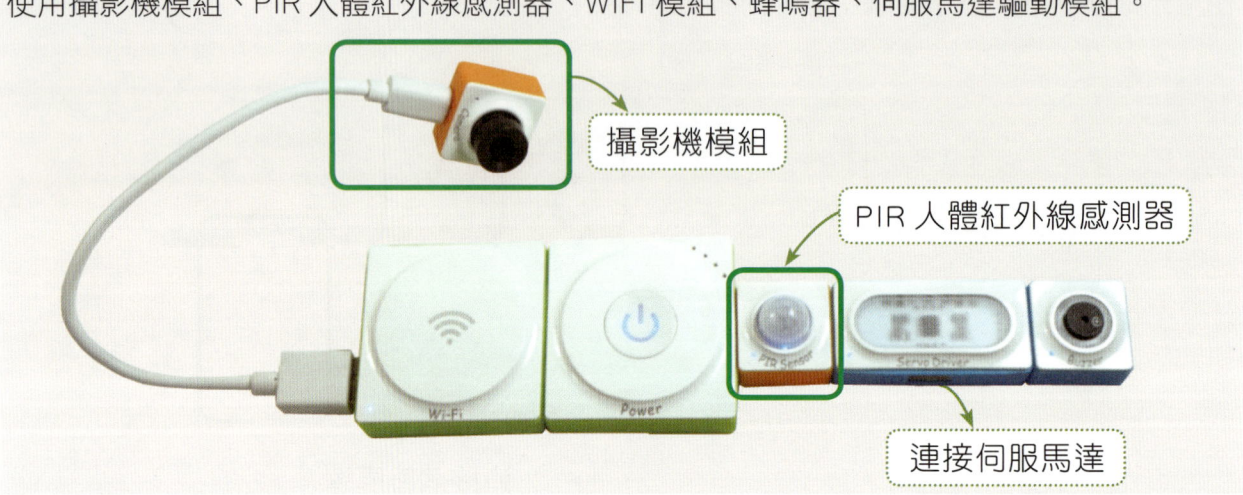

攝影機模組
PIR 人體紅外線感測器
連接伺服馬達

Step 2

將攝影機模組用 Micro-USB 線接在 WiFi 模組上，使用 Neuron App 可以開啟攝影機模組。當有人接近，PIR 人體紅外線感測器會感測啟動警示燈。自己可以開啟攝影機觀察，決定開啟蜂鳴器警告，還是決定開啟門禁。

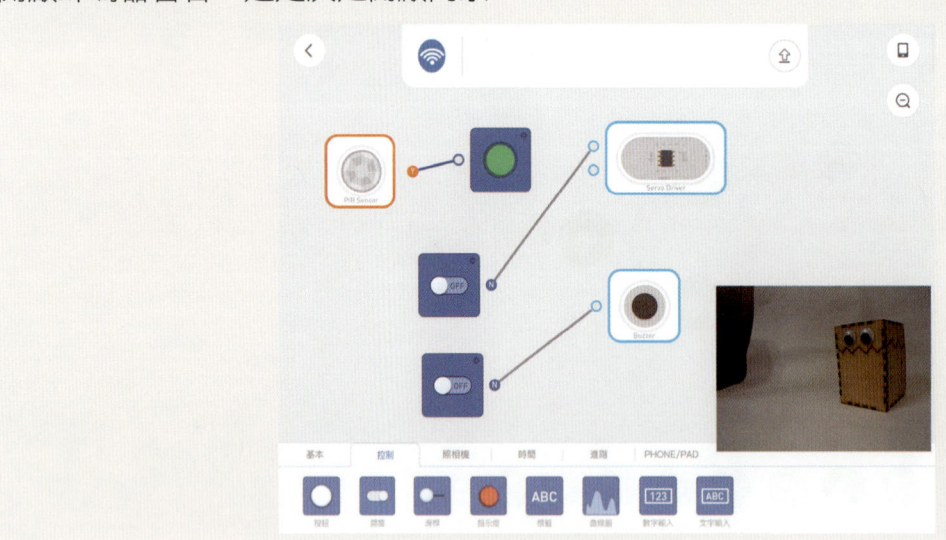

Step 3

Neuron App 畫面右下角出現攝影機圖像，點按啟動攝影機，觀察來人，再決定使用哪個開關節點控制，啟動伺服馬達開門，還是啟動蜂鳴器警報。

提示

畫面中出現的小怪獸是臨時演員，實際上 PIR 人體紅外線感測器是不會感測到木頭物品，PIR 人體紅外線感測器只對溫體的人或動物才會感測到。

　　自己如有什麼創意的想法想要實現，神經元模組是一個超級好幫手，有很多實用的輸入感測與輸出模組可以應用。多想想，做做看，創意會源源不斷發生。

附-2　mBlock 5：beta 5.2 積木功能總表

一　神經元：動作

積木	功能
直流馬達 1 全部 以動力 50 轉動 1 秒	設定直流馬達驅動模組「全部」以 50% 的動力轉動 1 秒
直流馬達 1 全部 以動力 50 %轉動	設定直流馬達驅動模組「全部」以 50% 的動力持續轉動
直流馬達 1 插座1以動力 50 % 轉動，插座2以動力 50 % 轉動	設定直流馬達驅動模組「插座 1」以 50% 的動力轉動，「插座 2」以 50% 的動力轉動
伺服馬達 1 全部 轉動至 90 度	設定伺服馬達驅動模組「全部」轉動至 90 度

二　神經元：外觀

積木	功能
LED 燈 1 的顏色設為 ●，持續 1 秒 LED 燈 1 的顏色設為 ● LED 燈 1 的配色數值為 紅 255 綠 0 藍 0 LED 燈熄滅	LED 燈模組控制
LED燈條 1 點亮 LED 燈條 1 1 位置的配色數值為 紅 255 綠 0 藍 0 LED 燈條 1 位置 1 的顏色設為 ● LED 燈條熄滅	LED 燈條模組控制

積木	功能
表情面板 1 顯示圖案 ♥ 持續 1 秒 表情面板 1 顯示圖案 ♥ LED 面板 1 亮起 x: 0 y: 0 的顏色為 ● LED面板 1 位置 x: 0 y: 0 設定為紅 255 綠 0 藍 0 表情面板 1 熄滅 x: 0 y: 0 位置的燈 LED 清除面板顯示	LED 面板模組控制
液晶螢幕 1 顯示動畫 普通 液晶螢幕 1 顯示動畫 普通 , 持續 1 秒 液晶螢幕 1 顯示圖示 氣態 , 文字 hello 液晶螢幕 1 上行顯示圖示 氣態 , 文字 hello ; 下行顯示圖示 氣態 , 文字 hello	液晶螢幕模組控制
冷光線 1 全部 亮起 冷光線 1 全部 熄滅	冷光線模組控制

三 神經元：聲音

積木	功能
蜂鳴器 1 播放音調 C7 , 持續 0.25 拍	蜂鳴器模組撥放音調 C7 持續 0.25 拍
蜂鳴器 1 播放音頻 700 赫茲, 持續 1 秒	蜂鳴器模組播放音頻 700 赫茲持續 1 秒

四 神經元：事件

積木	功能
當 ▶ 被點擊	當綠旗被點擊，程式開始依序執行以下程式
當 空白 鍵被按下	當空白鍵（或任意鍵）被點擊，程式開始依序執行以下程式

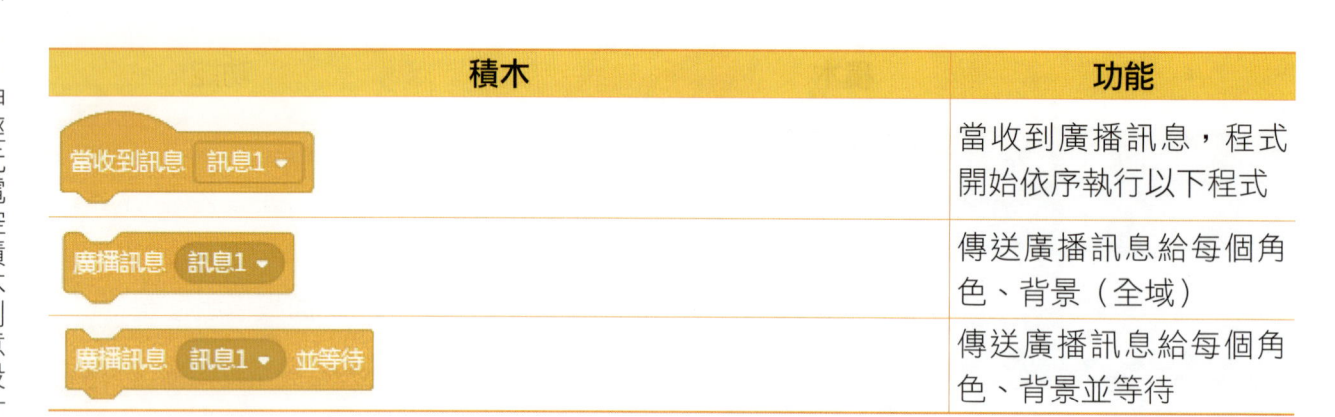

積木	功能
當收到訊息 訊息1 ▼	當收到廣播訊息，程式開始依序執行以下程式
廣播訊息 訊息1 ▼	傳送廣播訊息給每個角色、背景（全域）
廣播訊息 訊息1 ▼ 並等待	傳送廣播訊息給每個角色、背景並等待

五 神經元：控制

積木	功能
等待 1 秒	等待1秒再繼續執行下一行程式
重複 10 次	重複執行內層程式十次
重複無限次	無限次重複執行內層程式
如果 那麼	如果條件為真（true），執行內層程式
如果 那麼 否則	如果條件為真（true），執行內層程式，否則如果條件為假（false），執行內層程式
等待直到	等待到條件為真（true），才執行下一行程式
重複直到	不斷重複執行內層程式，等待到條件為真（true），才跳到下一行程式

六 神經元：偵測

積木	功能
當按下 1 按鈕？	邏輯判斷按鈕模組是否被按下？
旋鈕 1 讀值	傳回旋鈕模組讀數
溫度感應器 1 溫度 (°C)	傳回溫度感測器測值
雙紅外線感應器 1 左邊 側被觸發？	邏輯判斷 2 路紅外線感測器（左邊、右邊；全部，沒有）被觸發？
光源感應器 1 光線強度	傳回光源感測器模組讀數
觸摸開關 1 觸摸 藍色 ？	邏輯觸碰開關模組（藍色）是否導通？（紅色、黃色、藍色、綠色）
聲音感應器 1 響度	傳回聲音感測器模組讀數
超音波感應器 1 距離 (cm)	傳回超音波感測器模組距離讀數
陀螺儀 1 感測到 向前 傾斜？	邏輯判斷陀螺儀感測到（向前、向後、向左、向右）傾斜？
陀螺儀 1 感測到搖晃？	邏輯判斷陀螺儀感測到搖晃？
陀螺儀 1 偵測 滾轉角 軸的角度	傳回陀螺儀模組（滾轉角、俯仰角）軸的角度
陀螺儀 1 x 軸的加速度 m/s²	傳回陀螺儀模組（X、Y、Z）軸的加速度 m/s^2
顏色感應器 1 紅色 色值	傳回顏色感測器模組（紅色、綠色、藍色）色值
搖桿 1 向前 搖動？	邏輯判斷搖桿模組是否（向前、向後、向左、向右）搖動？
搖桿 1 x 軸數值	傳回搖桿模組（X、Y）軸數值

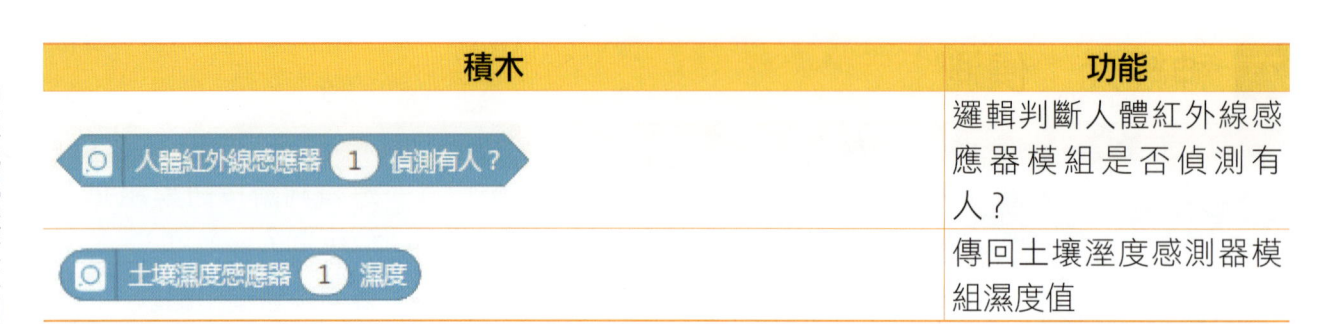

積木	功能
人體紅外線感應器 1 偵測有人？	邏輯判斷人體紅外線感應器模組是否偵測有人？
土壤濕度感應器 1 濕度	傳回土壤溼度感測器模組濕度值

七 神經元與角色運算

積木	功能
+	將兩數相加
-	第一個數減第二個數
*	將兩數相乘
/	第一個數除以第二個數
隨機取數 1 到 10	從第一個數（1）到第二個數（10）之間隨取選一個數
>	邏輯判斷如果第一個數大於第二個數傳回（true）值
<	邏輯判斷如果第一個數小於第二個數傳回（true）值
=	邏輯判斷如果第一個數等於第二個數傳回（true）值；字串的全等亦可應用此積木
且	邏輯判斷第一條件和第二條件皆為真（true），傳回（true）值
或	邏輯判斷第一條件或第二條件為真（true），傳回（true）值

積木	功能
不成立	邏輯判斷條件如果為假（false），傳回（true）值
字串組合 apple banana	傳回第一字串與第二字串合併
字串 apple 的第 1 字	傳回字串（apple）特定（第一個）字元
字串 apple 的長度	傳回字串（apple）的長度
字串 apple 包含 a ?	邏輯判斷字串（apple）包含字元（a），傳回（true）值
除以 的餘數	傳回第一個數除以第二個數的餘數
四捨五入數值	傳回四捨五入的值
絕對值 數值	傳回更多運算結果的值，包含（絕對值、無條件捨去、平方根、三角函數、指數與對數）

八 神經元與角色的變數與清單

積木	功能
建立一個變數	建立一個變數
做一個清單	建立一個清單（陣列）

九 神經元與角色之「我的積木」

積木	功能
建立一個積木	自訂積木功能（副程式）

➕ 角色動作

積木	功能
移動 10 點	移動 10 點（預設朝右）
左轉 ↻ 15 度	順時針轉 15 度
右轉 ↺ 15 度	逆時針轉 15 度
定位到 隨機▼ 位置	定位到（隨機、滑鼠游標）位置
定位到 x: 0 y: 0	定位到背景 X、Y 座標位置
面朝 90 度	面向右（90 度），向左（–90 度），向上（0 度），向下（180 度）方向
面朝 鼠標▼ 向	面向滑鼠游標方向
x 改變 10	將 X 軸座標改變（正值向右移，負值向左移）
y 改變 10	將 Y 軸座標改變（正值向上移，負值向下移）
x 設為 0	設定 X 軸座標
y 設為 0	設定 Y 軸座標
碰到邊緣就反彈	碰到背景邊緣自動反彈
迴轉方式設為 左-右▼	將角色旋轉方式設為（左右、360 旋轉或不旋轉）
x 座標	傳回目前角色 X 座標
y 座標	傳回目前角色 Y 座標
方向	傳回目前角色方向

角色外觀

積木	功能
說出 Hello! 2 秒	說出（Hello!）2 秒
說出 Hello!	說出（Hello!）
想著 Hmm… 2 秒	想著（Hmm…）2 秒
想著 Hmm…	想著（Hmm…）
造型換成 costume1	設定造型
下一個造型	切換到下一個背景
尺寸改變 10	角色尺寸改變大小（正數：放大，負數：縮小）
尺寸設為 100 %	將角色尺寸縮放為原尺寸百分比
圖像效果 顏色 改變 25	改變角色的圖像特效，包括：顏色、魚眼鏡頭、旋轉、像素化、馬賽克、亮度、幻影等
圖像效果 顏色 設為 0	設定角色的圖像特效，包括：顏色、魚眼鏡頭、旋轉、像素化、馬賽克、亮度、幻影等
圖像效果清除	設定角色所有的圖像特效
顯示	在背景顯示角色
隱藏	在背景隱藏角色
圖層移到 最上 層	將角色移到圖層的（最上、最下）層

積木	功能
圖層 上▼ 移 1 層	將角色（上、下）移到（N）層
造型 編號▼	傳回目前角色造型（編號、名稱）
背景 編號▼	傳回目前背景（編號、名稱）
尺寸	傳回目前角色為原尺寸大小之百分比

十二 角色事件

積木	功能
當 ▶ 被點擊	當綠旗被點擊，程式開始依序執行以下程式
當 空白▼ 鍵被按下	當空白鍵（或任意鍵）被點擊，程式開始依序執行以下程式
當收到訊息 訊息1▼	當收到廣播訊息，程式開始依序執行以下程式
廣播訊息 訊息1▼	傳送廣播訊息給每個角色、背景（全域）
廣播訊息 訊息1▼ 並等待	傳送廣播訊息給每個角色、背景並等待
當舞台被點擊	當舞台被點擊，程式開始依序執行以下程式
當背景換成 backdrop1▼	當背景換成（名稱），程式開始依序執行以下程式
當 聲音響度▼ > 10	當（聲音響度、計時器）大於 10，程式開始依序執行以下程式

角色控制

積木	功能
等待 1 秒	等待 1 秒再繼續執行下一行程式
重複 10 次	重複執行內層程式十次
重複無限次	無限次重複執行內層程式
如果 那麼	如果條件為真（true），執行內層程式
如果 那麼 否則	如果條件為真（true），執行內層程式，否則如果條件為假（false），執行內層程式，
等待直到	等待到條件為真（true），才執行下一行程式
重複直到	不斷重複執行內層程式，等待到條件為真（true），才跳到下一行程式
建立 Panda 的分身	建立 Panda 角色的分身
停止 全部 ✓全部 這個程式 角色的其它程式	停止（全部程式、這個程式、角色的其他程式）

十四 角色偵測

積木	功能
詢問 你的名字是？ 並等待	角色詢問（你的名字是？）並等待鍵盤的輸入
詢問的答案	傳回鍵盤輸入的字串
空白▼ 鍵被按下？	邏輯判斷（空白鍵、任何鍵）被按下為真（true）？
滑鼠鍵被按下？	邏輯判斷滑鼠鍵被按下為真（true）？
鼠標的 x	傳回滑鼠游標所在 X 軸位置
鼠標的 y	傳回滑鼠游標所在 Y 軸位置
聲音響度	傳回聲音響度值
計時器	傳回計時器值
計時器重置	計時器重置歸零
舞台▼ 的 x座標▼	傳回舞台或角色更多的狀態值（X座標、Y座標、方向、造型編號、造型名稱、尺寸、音量、背景編號、背景名稱）
目前時間的 年▼	傳回電腦時鐘的時間（年、月、日、周、時、分、秒）
2000年迄今日數	傳回電腦時鐘從公元2000年迄今的日數
用戶名稱	傳回目前用戶名稱

十五 角色擴充積木 ⊕ 人工智慧 AI

積木	功能
開始 中文▼ 語音識別，持續 2▼ 秒	開始（中文、英文、法文、德文、義大利文、西班牙文）語音識別，時間持續 2 秒、5 秒或 10 秒
語音識別結果	傳回語音辨識結果，可以做為變數比對用
在 1▼ 秒內辨識人臉年齡	在 1～3 秒內辨識人臉年齡
年齡識別結果	傳回年齡辨識結果
在 1▼ 秒內辨識人臉情緒	在 1～3 秒內辨識人臉情緒
高興▼ 的指數 ✓ 高興 平靜 驚訝 悲傷 生氣 輕視 厭惡 恐懼	傳回人臉辨識情緒結果的指數
情緒為 高興▼ ✓ 高興 平靜 驚訝 悲傷 生氣 輕視 厭惡 恐懼	邏輯判斷情緒為「高興」等為真（true）與否（false）

積木	功能
在 [2▼] 秒內辨識 [中文▼] 印刷文字	在（2秒、5秒或10秒）內辨識（中文、英文、法文、德文、義大利文、西班牙文）印刷字體
在 [2▼] 秒內辨識英文手寫文字	在（2秒、5秒或10秒）內辨識英文手寫字體
文字辨識結果	傳回文字辨識結果

六 角色擴充積木 ＋ 機器深度學習

積木	功能
訓練模型	開始建立與使用機器學習的訓練模型。

七 角色擴充積木 ＋ 音樂

積木	功能
發出鼓聲 (1)小鼓▼ 持續 0.25 拍 休止 0.25 拍 播放音調 60 持續 0.25 拍 設定樂器為 (1)鋼琴▼ 演奏速度設為 60 將節奏加快 20 演奏速度	更多進階的樂器選項（樂器、節拍、速度等）

六 角色擴充積木 (+) 畫筆

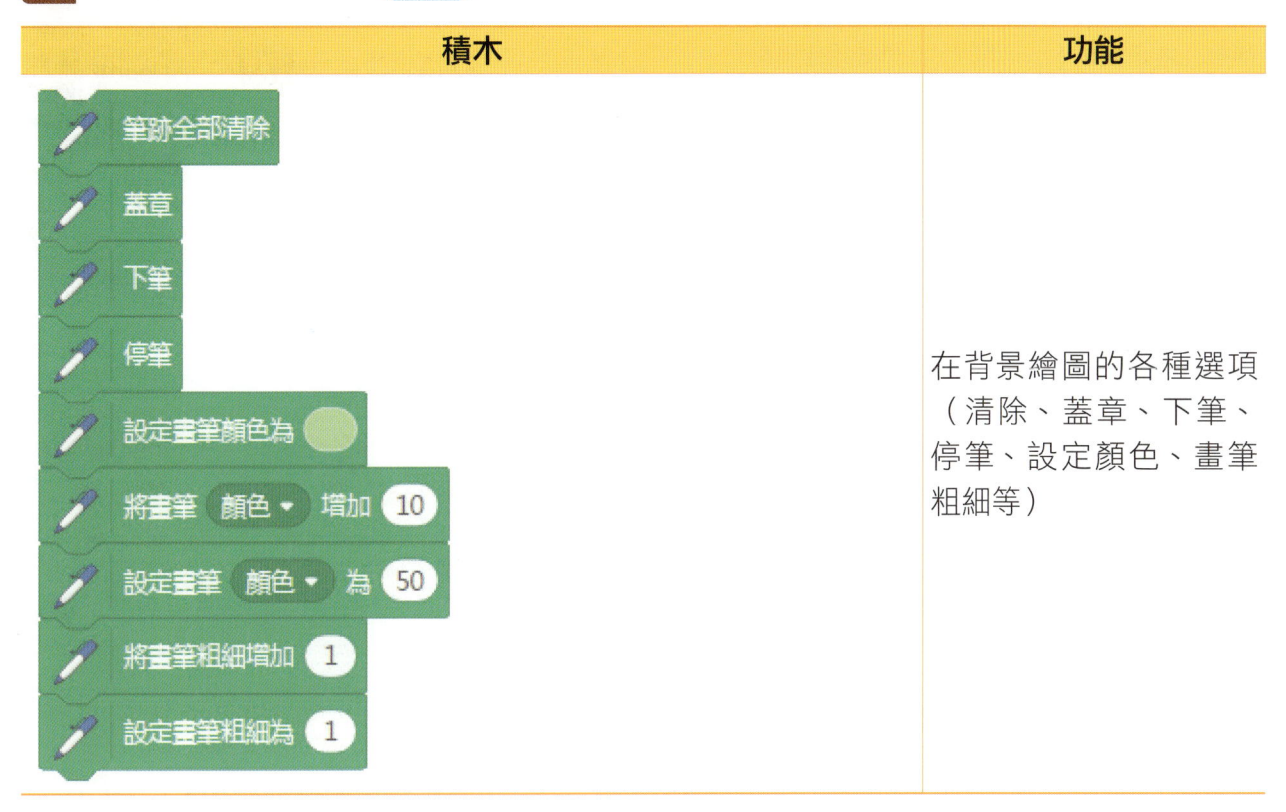

積木	功能
筆跡全部清除 蓋章 下筆 停筆 設定畫筆顏色為 ● 將畫筆 顏色▼ 增加 10 設定畫筆 顏色▼ 為 50 將畫筆粗細增加 1 設定畫筆粗細為 1	在背景繪圖的各種選項（清除、蓋章、下筆、停筆、設定顏色、畫筆粗細等）

Makeblock Neuron 神經元磁吸電控套件

影片介紹

零基礎玩轉電控積木

1. 神經元內建模式(不插電)：打開電源連接感測器即可做應用，不需寫程式。
2. 行動裝置端軟體 Neuron APP：將行動裝置和神經元配對，透過排序流程的方式，學習程式邏輯思維(Android/iOS 適用)。
3. 電腦端軟體 mBlock 5：基於 Scratch 3.0 開發的 mBlock 5 圖形化程式軟體，只須拖曳、組合各種「功能積木」就能輕鬆建構出更多創意專題（Windows / Mac OS 適用）。
4. 神經元結合雷雕做創意專題與 AI 人工智慧。

Maker 指定教材
輕課程 Neuron
神經元電控積木創意設計 -
使用 mBlock 5 慧編程
含雷射切割技巧
書號：PN067
作者：賴鴻州
建議售價：$300

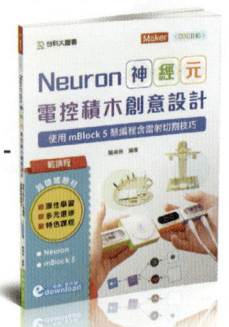

Neuron 神經元磁吸電控套件 -
創意實驗室 (30 個模組)
產品編號：5001401
建議售價：$23,350

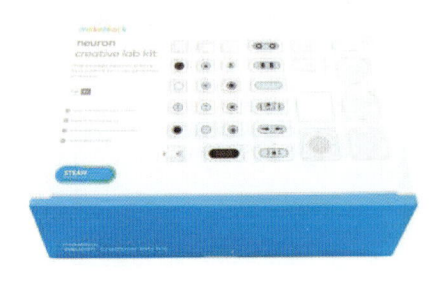

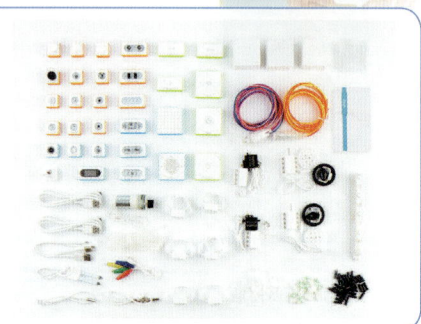

Neuron 神經元磁吸電控套件 -
智造家 (8 模組)
產品編號：5001402
建議售價：$4,000

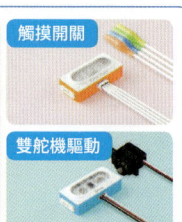

蜂鳴器　陀螺儀感測器　觸摸開關
藍牙　　　　　　　　　雙舵機驅動
電源　　　LED 面板

案例教程引導創造
在 Neuron App 內配有案例搭建說明和視頻教程，使用者在短時間內可搭建多種創意小發明。

背部磁鐵設計
將模組貼在有磁吸設計的平面上，如小白板、冰箱等，方便家庭演示和使用。

擴展更多玩法
所有神經元模組都可以與 Makeblock 平臺產品和 LEGO® 積木相容。

簡單耐玩
模組間採用 Pogo Pin 磁吸連接，即拼即玩，耐玩不易壞。

※ 價格、規格僅供參考　依實際報價為準

勁園・紅動　www.ipoemaker.com
諮詢專線：02-2908-1696 或洽轄區業務
歡迎辦理師資研習課程